酪農経営の成長と財務

酪農総合研究所　畠山 尚史　著

株式会社 酪農総合研究所に捧げる

はしがき

酪農総合研究所では、選書あるいは特別選書と称し、酪農に関する２種類の普及書を発行していて、前者は会員に配布することを目的にし，後者は販売することを前提とするものと決められていた。特別選書も選書にも，同じ一連番号が付されていて，しかも店頭では同列に並べられていた。選書は確かに会員に配布されるが，販売もされていて，区別が曖昧であった。この点をハッキリさせる必要があり，選書は地域を限定することのない内容のものとし，特別選書は内容が地域限定的なもの，あるいは学位論文相当の高い学術性を有するものと定めた。本書は，北海道大学大学院農学研究科に提出された学位請求論文を上梓したもので，新たに定められた特別選書の第１号である。

本書の表題は，「酪農経営の成長と財務」となっているが，経営成長とは経営発展を意味し，発展過程を経た結果として，①外延的な規模拡大が生じたり，②経営要素の効率化，生産コストの削減，収益性の向上や財務の安定性など，質的な改善が進む諸現象を指している。本書の課題は２つある。外延的拡大をもたらす経営発展では，資金需要が生じることから，資金動態を円滑に保持し，かつ財務の安全性が確保されることが望ましいので，財務あるいは資金動態の側面から，経営成長の推移をキャッシュフローに着目して評価を試みるのが第１の課題である。規模拡大の過程で発生する資金の調達から返済に至る資金循環の全過程で，望まれる財務管理の１つの指標としてのキャッシュフローに着目した分析の有効性を吟味するのが，第２の課題である。

これらの課題に３つの解明方法により接近している。その１つは，北海道の酪農経営のデータにより，自己資本純収益率の推移から経営成長をまず明らかにしている。資本収益率とレバレッジ比率などを追跡することにより，投資決定に当たっては，経営者が自己資本と負債の適正な構成を図ることが重要であると結論づけている。その2は，遺伝的な改良あるいは飼料給与の改善などでもたらされた質的な改善（経産牛１頭当たり乳量増加）を実現した経営をモデルにして，逐次線形計画法を当てはめて，酪農経営の資金繰りの変化を動態的に検討して，乳価低迷の中で，環境対策投資や省力技術投資がもたらす，経営財務への影響を試算している。その3は，経営成長を果たした北海道での酪農専業経営と，府県での酪農・肉用牛複合経営とを事例に取り上げて，キャッシュフロー分析を行い，資金繰りや財務の安定性を明らかにしている。両経営はともに期中キャッシュフローを生み出していて，前者は外部資金調達により財務キャッシュフローを，または黒字経営である後者は，内部よりの資金調達によるフリーキャッシュフローを，それぞれ基礎にして安定経営として成長していると，結論づけている。

このような検討の末，第１の課題には経営成長過程にある経営については，安全性を念頭に置いた資金の動態と財務状況の把握が有効であること，第2の課題は良好な資金繰りの維持と自己資本の形成には，生産キャッシュフローを生み出す生産力構造を築くことと結論づけている。経営成長の過程では，経営の資金動態を把握し，かつ普段より財務管理を徹底して行う必要があると説いている。

以上が本特別選書の大綱である。本書の特色は，規模拡大過程の結果生じる経営成長を，財務管理に関わるキャッシュフローの指標で，具体的に確認する要領で経営成長を説きほぐしている所にある。とかく抽象的になりがちな課題に，経営事例を添えて具体的に接近している点にも特色がある。酪農総合研究所が学術性の高い書物を特別選書に組み入れた最初の試みである。酪農・乳業に携わる関係各位に，ご購読願えれば幸いである。

平成１７年2月

酪農総合研究所・所長
帯広畜産大学名誉教授　久保　嘉治

目　次

はしがき

第1章　課題と方法

第1節　課題設定と問題意識・・・・・・・・・・・・・・・・・・・・1

第2節　課題への接近と論文構成・・・・・・・・・・・・・・・・・・8

第2章　酪農経営の財務的成長分析

第1節　はじめに・・・・・・・・・・・・・・・・・・・・・・・・10

第2節　財務面からみた経営成長分析・・・・・・・・・・・・・・・・12

第3節　北海道酪農の成長過程・・・・・・・・・・・・・・・・・・18

第4節　むすび・・・・・・・・・・・・・・・・・・・・・・・・・28

第3章　北海道酪農における経営規模と収益性・安全性

第1節　はじめに・・・・・・・・・・・・・・・・・・・・・・・・31

第2節　診断農家の経営概要・・・・・・・・・・・・・・・・・・・34

第3節　主成分分析の結果と考察・・・・・・・・・・・・・・・・・39

第4節　生産コスト低減の可能性・・・・・・・・・・・・・・・・・45

第5節　むすび・・・・・・・・・・・・・・・・・・・・・・・・・47

第4章　環境改善投資と家畜生産性上昇の経営財務
－売上高負債比率を指標として－

第1節　はじめに・・・・・・・・・・・・・・・・・・・・・・・・49

第2節　固定化負債の現状・・・・・・・・・・・・・・・・・・・・50

第3節　モデル経営の生産技術と財務・・・・・・・・・・・・・・・54

第4節　追加投資と財務の動態・・・・・・・・・・・・・・・・・・61

第5節　むすび・・・・・・・・・・・・・・・・・・・・・・・・・65

第５章　規模拡大投資の経営財務
－キャッシュフローを指標として－
第１節　はじめに・・・・・・・・・・・・・・・・・・・・・・・67
第２節　酪農の超大規模経営の特徴・・・・・・・・・・・・・・69
第３節　キャッシュフロー分析・・・・・・・・・・・・・・・・71
第４節　キャッシュフロー分析による経営財務・・・・・・・・・80
第５節　超大規模酪農経営の資金循環・・・・・・・・・・・・・102
第６節　むすび・・・・・・・・・・・・・・・・・・・・・・・105

第６章　要約と結論　・・・・・・・・・・・・・・・・・・・・・107

参考・引用文献・・・・・・・・・・・・・・・・・・・・・・・・113

補　　論
補論１「超大型酪農経営の経営実態―北海道の事例―」・・・・・121
補論２「超大型酪農経営における生産技術適用のケーススタディ」129
補論３「法人経営によるメガファーム」・・・・・・・・・・・・141
補論４「メガファームに試される日本酪農－既存経営が
考慮すべき共栄への道－」・・・・・・・・・・・・・・・・147

第1章　課題と方法

第1節　課題設定と問題意識

近年，酪農経営では飼養頭数50頭未満の小規模経営の酪農離脱が進む一方で，80頭以上の大規模経営戸数が漸進的に増加している。このような生産構造が変化した背景には酪農に関わる制度・政策がある。2000年以降のドーハ・ラウンドのWTO（多国間交渉）やFTA（2国間交渉）が進展するにつれて，市場アクセスが論点となり，関税撤廃が余儀なくされ，乳製品市場の国際化がますます進展している。そのようなごきに対応するため，わが国農業政策は頭数規模を拡大する経営体や経営資源の最適な結合をもたらす経営体の育成が課題となる。

そもそも酪農経営の規模拡大は，2つの成長プロセスが考えられる。1つは農地面積や頭数規模など固定的生産要素を増加させることで，生乳生産量の増加に結びつける規模拡大のタイプである。いま1つは，土地や頭数規模を所与として，資本や労働を集約的に投下させて単収や個体乳量（経産牛1頭当たり乳量）を向上させることで生乳生産量の増加に結びつける規模拡大のタイプである。耕地や頭数拡大の制約が厳しい条件下では，後者のような規模拡大が進展するといえる[1]。

酪農の発展基盤の形成に大きく寄与した政策には，大型酪農施設の投資や草地飼料基盤の造成などの補助事業，これら各種事業に対する補助金，その補助残高融資の機能をもつ制度金融，そして価格政策があげら

[1] 経営規模の尺度として，固定的生産要素のストックの大きさでとらえたファームサイズと，利用度を考慮して経営の事業量の大きさでとらえたビジネスサイズがある。前者には土地面積や頭数といった物的尺度が，後者では生産額や利益などの経済価値的尺度が用いられる。アメリカでは生産者労働単位のP.M.W.U.が用いられている。これはファームサイズとビジネスサイズ双方に含まれない規模尺度である（金澤[1986]参照）。本論文ではビジネスサイズを規模規定として論じる。なお，P.M.W.U.を用いた定量的分析方法については天間[1975]が詳しい。

れる[2]。特に1966年に施行された「加工原料乳生産者補給金等暫定措置法」（通称，不足払い法）の意義は大きい[3]。生産者はこの法による安定的な保証価格や補給金によって，生産費や所得補償の便益を受けることで，将来が見通せる経営計画を作成でき，新規牛舎や施設などの大型固定資産の追加による規模拡大，さらにスケールメリットとコストダウンの実現といった成長プロセスを歩むことができた[4]。しかしながら，高度な省力化技術の適用と規模拡大によるスケールメリットによる“華やかな”発展過程の陰で，追加的な過剰投資による資金調達とそれにともなう負債問題（負債累積化）が生じ，経営財務が危機的状況に陥るという危険性も見逃せない[5]。

規模拡大過程で生じる負債問題には大きく３つの要因が考えられる。１つは制度・政策である。これは酪農の資本形成と補助残の融資制度の一体化が背景にある。特に北海道のような過酷な自然条件と劣弱な社会経済条件の地域では，自己資本の蓄積力が脆弱なことから，各種補助事業や制度資金(融資)への依存という体質を作りあげてきた(中原[1984])。農家（生産者）は負債の依存率を高くしながら，規模拡大を図ってきたといえる[6]。また，このことは農家の資金調達の実態からも説明できる。

---

[2] 制度金融とは農業に関する金融のうち，国の資金を原資として直接貸付ける「財政資金」と，民間金融機関の貸出しに対して利子補給などを行う一連の政策のことを総称する。天間[1983]は，戦後の酪農振興や発展に結びついた酪農の法制度として，「有畜農家創設特別措置法」（1953年），「酪農振興法」（1954年），「畜産物価格安定法」（1961年）をあげている。これら法制度のもとで行われた融資や補助事業の拡充が生産者の規模拡大行動に拍車をかけ，技術水準も向上した。その代表が飛躍的な個体乳量の増大であり，国際レベルまで達したことを考察している。

[3] この法による牛乳・乳製品の需給調整や，事業団による輸入乳製品の買入・売渡し機能が，乳業会社にとって経営収益の安定化をもたらしたといえる。

[4] 久保[1983]，荏開津他[1984]，駒木他[1989]，山本[1991]，丸山[1994]，藤井他[2001]を参照した。

[5] 北海道酪農の負債問題を扱った主な研究として中原[1985]が詳しい。日暮[1985]は，畜産経営を対象に固定化負債のメカニズムには農協を通じた預託制度のマネー・フローと畜産貸越のセットが背景にあると見出している。

[6] 山田[1984]は，「新酪農村」事業を事例に問題を指摘している。この事業の技術的可能水準は乳牛100頭であるのに対して，実際は70頭計画であり，この能力規模では負債償還が充分に行うことができないと考察している。酪農における技術水準と経済水準の跛行性が経営財務の大きな不安定要因であると指摘している。

農業における経営形態は，家族経営がほとんどを占めていることから，会社経営と異なり株券発行のような出資による資金調達（直接金融）が困難である。その結果，農家の資金調達は，制度資金を利用した間接金融に大きく依存せざるをえなくなる。

２つは生産者の経営管理である。経営管理の問題には政策的与件のもとでの規模拡大過程で，生産者がどれほど自己経営の財務状況を認識しながら，投資を決定していたのか，意思決定の甘さがあげられる。規模拡大過程では多額の資本投下により，負債が発生するが，生産者にとって負債残高や可能な償還額がどれほどかといった財務状況の把握や計数管理が不可欠となる。特に酪農経営は乳牛飼養部門と飼料生産部門といった技術的性格の異なる２つの生産体系を常にバランスよく経営内に結合しなければならない。そこには迂回生産という酪農のもつ特性ゆえに，資本回収期間が長期化し，借入れ資金の償還には大きな負担が生じることになる。このような懐妊期間の長い投資の特性をもつ酪農経営の規模拡大過程において，良好な経営成果をあげるには，生産者の財務管理の徹底が必要であることはいうまでもない。

３つは農協など指導機関による会計処理の内容である。これは営農勘定や組合員勘定制度（以下，組勘）といった信用指導事業を通じた農協と生産者間での契約や取引に関わることである。たとえば組勘をみるとその制度が単なる農協運営の合理化や各種事業の有機的な関連に限り有効に機能していたとも考えられる。組勘の機能は生産者が長期低利資金の償還が不可能になった場合，農協と組合員（生産者）との間の与信契約に基づき短期高利資金への借り換えが勘定の上で行われることにある。この借り換えが負債の累積化を生み出す直接的な原因となっている場合が多い[7]。

[7] 組勘に関する研究として，西村[1969]は，合理的な会計の集計作業が可能となるが，各生産者の経営改善のためという面からは期待できないとみている。中島他[1987]は，この制度の畜産農家と農協との信用取引の実態から負債問題を追求している。山尾[1981]は「貸付と預金が統

負債問題の原因は制度金融を背景に規模拡大を強く打ち出した酪農政策にあるのか，あるいはそれら多頭化と多額の投下資本の拡大において，それ相応の経営管理能力を備えない放漫経営を行った生産者にあるか，意見が分かれるところである（七戸[1988]）。

酪農において規模拡大が進展し，高度な資本装備の経営が生まれる中で，酪農経営も変わりつつある。従来からの経営形態は家族経営を基本として，土地，労働，資本などの生産要素はすべて家族所有のものでまかなうという自家労作の性格が強いといえる（伝統的家族経営）。これに対して，経済成長の過程で家族農業経営は変化を遂げてきた結果，規模拡大による多額の投資もあって家族経営は雇用労働を入れたり，農地を借りたり，家族所有の資本以外から生産要素を調達することで会社経営的な性格をもつように変化しつつある（企業的家族経営）。生産者にとって急速な規模拡大と大型投資には経営の不安定性やリスクがつきものとなることから，特に多額の借入金による資金調達で発生する財務リスク[8]を考慮した財務管理が必要になる。

かかる視点から，本論文では酪農経営の大規模化と規模拡大のうごきについて，乳牛を増頭することで生産量・売上高を増加させてきた展開と，頭数所与のもとで資本の集約化により，生産性を高め生産効率の向上，生産量・売上高を増加させてきた展開といった２つの拡大・成長過程を通じて，その過程に深く関わってきた経営財務の実態を評価する。

一されたもので，資金の流入があれば，農協貸付金と絶えず相殺されるという機能をもっている。貸付残の状態であれば貸付金金利，預り残であれば普通貯金の金利が課せられ，信用事業の一部門で処理される」として，「取引決済方式の改変，資金供給・吸収，農家経営管理など極めて多様な性格をもっている」と組勘の意義を見出している。宇佐美[1985]は，生産者が規模拡大の一義的な追求による散漫な経営管理に陥った背景は，組勘が生産者の経営管理機能を代替していたことを考察している。

[8] 財務リスクとは企業が財務面で背負っているリスクで，流動性リスク，信用リスク，市場変動リスクがあげられる。流動性リスクとは，資金が必要なときにすぐに資金を用意できるか否かのリスクで，信用リスクは取引によって生じた債権が期日どおり決済されるか否かのリスクを意味する（高橋[1992]参照）。市場変動リスクは為替相場の変動によるリスクと金利の変動によって損失を被るリスクを意味し，酪農経営における財務リスクには流動性リスクの性格が強い。

本論文では特に経営財務に関する安全性を中心に検討する[9]。具体的には以下の２つの課題をあげて検討する。

第１の課題は，負債が累積化する要因には，経営診断や分析で用いられる評価方法に問題があることを明らかにする。生産者は大型投資の際に財務状況の把握や財務的意思決定を目的とする財務管理の習得には力を入れなかったことが考えられる。また，経営改善や営農を指導する諸団体も経営収支や収益性の高低，あるいはそれらを規定する生産技術を中心に改善点を提示し，安全性や資金繰りについては充分に改善点としての視点を有していなかった[10]。これには農協による営農勘定や組勘の信用取引も考えられる。たとえば，組勘は経営と家計が未分離であるという性格から，資金調達からどれほど資本投下がなされ，経営にどう活かされ，資金が余剰となって償還に回されるか一連の財務・資金プロセスが不明確で，それらが1つの計算書の内で一括計算されている（表1−1参照）。

表 1-1　組勘による営農管理票

収入項目			支出項目		
畜産収入（生乳代など）	①		農業支出計（飼料費など）	⑧	
農産収入	②		家計費	⑨	
雑収入	③		支出計	⑩	＝⑧＋⑨
農業収入計	④	＝①＋②＋③	資金返済	⑪	
農外収入	⑤		貯金共済	⑫	
資金借入	⑥		財産造成	⑬	
資金受入	⑦				
合計	＝④＋⑤＋⑥＋⑦		合計	＝⑩＋⑪＋⑫＋⑬	

注）北農クミカン営農管理報告票をもとに簡略化した。

[9] 以下，文中で頻繁に用いる「財務の安定性」と「安全性」の２つの用語は同義であることを予め断わっておく。
[10] 中央畜産会[1999]は，酪農生産者の代表的指導機関を７つあげ，その会計処理や経営分析の手法を整理している。収益性に関しては７つのうち，ほとんどが経営分析に充分連動できるシステムであった。しかし，安全性に関しては２団体しか連動性を有していなかった。

組勘は確かに生産者に対して経営面や生活面双方に，営農計画書の範囲内で確実な資金提供を行ってきたといえる。しかし，このような会計処理に依存することは，生産者自らが主体的に財務管理を行う必要性が薄れる。明確な計数管理や財務管理を怠った結果，気がつけば借入金償還のため，新規に借入れという累積的に負債が発生する経営財務に転じる可能性も十分に考えられる。行政主導の補助事業やその際の資金の融資契約をかわすときに，融資時点での経営財務内容を評価するよりは，むしろ将来の収益性向上を目標とする投資計画を検討してきた経緯がある。そのような将来の収益性を偏重した経営を志向する限り，財務安定性の評価が盲点となる。

表1－2には農林水産省統計情報部『農業経営の管理に関する意向調査結果』（2000年度）を示した。簿記会計を行う理由を経営部門別，販売金額別にみた結果である。経営部門別で酪農の場合をみると，もっとも多い理由が「税務申告に利用するため」（57.5％）で，養豚・養鶏に次いで高い割合である。第2が「農業経営の収入と経費の内訳を明確にするため」（21.6％）である。これらの結果から生産者は税金や収益性の把握に簿記会計処理の基本をおいていることを意味する。一方，「資産や負債･資本の内訳を明確にするため」（1.5％）といった財務や安全性を理由とした回答は極めて少ない。また販売金額規模別にみると，大規模である販売金額3,000万円以上の層で，「資産や負債の明確」といった安全性を中心に簿記会計を行う割合が大きくなっている（5.9％)。

以上，生産者は簿価会計を行う上で，経営収支や収益性に力点をおき，財務状態や安全性に関しては相対的に意義を認めていない傾向がある。このことをふまえて酪農経営の成長過程の考察や経営分析・診断において，安全性も含めた経営的評価の意義について吟味したい。

第2の課題は，酪農経営における財務管理の有用性を明らかにする。安全性分析は，主に貸借対照表に基づいて行われ（部分的には損益計算書が用いられる)，比率分析と資金分析の2つがある。前者では負債残高の状況や償還機能や自己資本の蓄積を，後者では資金調達や償還といったその循環過程や資金繰りをチェックできる。また，動態的に資金の循環メカニズムをみることができる。酪農の規模拡大過程では，資金調達によって利子支払いや元金償還義務が期限付きで発生する。このことは経営にとって財務リスクの発生が余儀なくされることを意味する。一方，出資金や内部留保といった自己資本の充実によって償還義務が回避できる直接金融が，財務の安定性を高める上で望ましい資金調達として求められている。この直接金融を考える上で見逃せないのが固定資産で計上

表1-2　簿記会計を行う理由

(単位:%)

区分	回答数(人)	税務申告	家計費と営農費の分離	収入と経費の明確	資産や負債の明確	経営診断のため	その他
全回答者	1,713	45.5	5.7	30.9	2.5	15.0	0.4
簿記会計の実施状況別							
これまでも行っている	968	57.6	3.0	24.1	2.0	12.8	0.5
これまでも行っていない	745	29.8	9.3	39.9	3.1	17.9	0.1
経営部門別							
水稲・陸稲	399	35.8	9.0	35.6	3.3	16.3	―
麦類・豆類・雑穀など	36	41.7	5.6	27.8	8.3	13.9	2.8
工芸農作物	131	43.5	6.9	31.3	1.5	16.8	―
露地野菜	168	50.6	4.8	29.8	1.8	13.1	―
施設野菜	297	48.5	4.4	32.0	1.0	14.1	―
果樹類	239	46.9	5.0	31.4	2.5	13.8	0.4
花き・花木	149	49.7	4.0	27.5	3.4	14.8	0.7
酪農	134	57.5	3.7	21.6	1.5	14.9	0.7
肉用牛	79	39.2	6.3	32.9	5.1	15.2	1.3
養豚・養鶏など	44	59.1	―	25.0	2.3	13.6	―
その他	37	43.2	5.4	27.0	―	21.6	2.7
販売金額規模別							
300万円未満	156	30.1	15.4	40.4	2.6	11.5	―
300～500	189	31.2	8.5	41.3	3.2	14.8	1.1
500～700	178	50.0	6.2	27.5	2.8	13.5	―
700～1,000	283	42.4	6.4	34.3	2.5	14.5	―
1,000～1,500	365	50.4	4.1	27.4	1.6	15.9	0.5
1,500～2,000	173	55.5	3.5	27.7	0.6	12.7	―
2,000～3,000	165	52.7	3.0	30.3	0.6	12.7	0.6
3,000万円以上	204	48.0	1.5	22.1	5.9	22.1	0.5

資料）農林水産省統計情報部『平成12年度食料・農林水産業・農山漁村に関する意向調査・農業経営の管理に関する意向調査結果』2001年。

される減価償却費の資金的性格である[11]。規模拡大過程においては，収益性評価に加え，資金の調達から償還可能な状態を把握できる安全性を重視した財務管理が必要になることから，その意義を検討する。

第２節　課題への接近と論文構成

本論文では北海道酪農を主な分析対象とする[12]。分析で使用するデータは農林水産省統計資料と酪農総合研究所の酪農経営研究調査から得られたものである。北海道酪農を対象にした理由は，生産者が政策的誘導のもとで急速な規模拡大を実現し，しかも外延的規模拡大と内包的規模拡大を戦略的に選択していった経緯がみられたからである[13]。

以下，各章の構成を示す。

第２章では，統計資料として，『農家の形態別にみた農家経済』(農林水産省統計情報部)の酪農単一経営のデータを用いて，酪農経営の成長分析を試みる。安全性指標の算出に基づく負債と自己資本を取り上げ，その資本構成の変化をみながら酪農経営の成長プロセスを考察する。自己資本の増加率をメルクマールにした「自己資本成長率モデル」を援用して経営の成長過程を分析する。乳価や景気などの外的経済与件のもとで，自己資本や負債などの安全性指標が成長過程にどのような影響を及ぼしてきたか明らかにする。

第３章では，酪農総合研究所が実施している経営診断事業の個票を用いて経営分析を試みる。酪農の経営・生産構造を特徴づける規模指標を

[11]減価償却費は収益をもって費用を補償することであり，それは投下資本の回収を意味して，会計上は資金として内部留保される（守屋[1994]）。大規模稲作経営の資金調達は，借入金より主として減価償却引当金に依存した調達に変化している（黒河[1991a]参照）。

[12]第５章で対象とするＪＥＴファームは酪農と肉用牛肥育の複合経営で酪農部門は栃木県にあるが，当初は肉用肥育経営が北海道からスタートした経緯があり，対象を北海道とした。

[13]北海道では１戸当たり搾乳牛頭数が1965年４頭，1985年29.8頭，2002年56.8頭である。ちなみに都府県は2.4頭，15.3頭，30.9頭である。また外延的規模拡大とは農地や頭数の生産要素の増加による拡大，一方内包的規模拡大とは単収や家畜生産性の向上による拡大を意味する。

はじめ，収益性指標，安全性指標，生産性指標を変数に「主成分分析」を適用する。各指標の特性値から，規模拡大の経営評価を行うとき収益性と安全性がどのように関連しているのか，その重要度を明らかにする。

第４章では，土地利用型酪農経営を対象に環境対策や作業の省力化に関わる投資行動を分析する。乳牛資本の集約化による内包的規模拡大のケースについて安全性指標である売上高負債比率を用いて，負債の累積化を回避させる投資のタイミングを検討する。分析方法として，「逐次線型計画法」を用いる。これは負債償還の可能性を含めて経営財務の状態を動態的に解析・予測する上で有効な方法である。この章は規模拡大にともなう財務状況の把握と最適な投資における規範分析の性格をもつ。

第５章では，外延的規模拡大を成長戦略とする２つの超大規模酪農経営を対象に，投資行動と資金循環におけるキャッシュフローのうごきを分析する。財務諸表の時系列データを用いて，キャッシュフロー計算書を作成し，「キャッシュフロー分析」を行う。キャッシュの発生要因を明らかにし，外延的規模拡大を実践する経営にとって，投下資本の回収から借入金償還，さらには自己資本の蓄積を通じた拡大再生産のプロセスを明らかにする。拡大成長の超大規模経営にとって，財務リスクや財務の不安定性を回避するために安全性指標のキャッシュフローを把握した財務管理の有効性を検討する。

本論文の課題と各章の関連を述べると，規模拡大過程における安全性を含めた経営評価のあり方については第２，３章で検討する。規模拡大にともなう投資と資金循環について安全性の視点から分析し，経営の安定化を図る上で財務管理が重要となることを第４，５章で検討する。第６章は全体の要約と結論とする。

第2章　酪農経営の財務的成長分析

第1節　はじめに

酪農経営の成長を促す基礎的要因として，ハードの側面では牛舎や搾乳施設，草地開発・改良，農道整備などのインフラストラクチャが，ソフトの側面では乳牛検定検査，粗飼料分析センター，プロファイルテストといった科学的分析に基づく支援情報とそれに適合する経営者能力が考えられる[1]。特に大型の畜舎・搾乳施設といった規模拡大投資によって，一層の作業の効率化や省力化が可能になる。この際，多頭化にともない発生するふん尿処理に対応した環境改善の投資も必要とされる。このように生産力向上や省力化から環境対策を含む多角的な投資が，酪農経営にとって成長を促す重要な経営戦略となりつつある。酪農において収益向上や生産効率を目指した規模拡大戦略をスムーズに進めるには，経営内で資金を循環しつつ，財務状態を安定させることが求められる。生産者は資金の効率的な循環，すなわち資金調達，投下資本の回収，借入金の償還といった一連の資金循環過程を常に把握する必要がある。特に資金調達では借入金の他人資本を経営内に資金循環させて，安定的に利潤を生み出すことが大切になる[2]。そして，投資の際の資金調達は金融制度と一体化している。

酪農経営が発展する過程で生産者は規模拡大による生産性向上のみな

---

[1] 北倉[2000]は，公共事業を含め公的プロジェクトによる酪農インフラ整備と発展過程について，北海道酪農地域を対象に地域間比較分析を試み，その効果と意義を検証している。

[2] Solomon [1963] は「財務管理とは経営に調達された資金を各種資産の維持増減にどのように割り当てるのかの意思決定である」として，「経営財務管理の基本的課題は，①望ましい企業規模と成長，②企業が所有すべき諸資産の形態，③最適な資本構成の選択があげられる」と財務管理についての見解をもつ。また熊野[2001]では，経営分析指標をもとに財務管理の体系化を試みている。

らず，所得や利潤を生み出す収益力（収益性指標）と，資金の調達から償還までの着実な財務状態（安全性指標）の２つの指標から検証する必要がある。

本章では酪農の財務データを利用して，生産力向上と経済性に関わる収益性指標と資金の調達・償還がもたらす安全性指標を数量的にとらえ，1965年から94年の約30年間における酪農経営の発展プロセスを検討する。データは『農家の形態別にみた農家経済』（以下，「農経調」）を用いて，そこから得られる指標（項目）の定義に依拠して分析を進める。「農経調」は農家における資金の調達から償還までの循環構造が分かる唯一の統計資料である[3]。対象は「北海道における単一酪農経営」である。

第２節　財務面からみた経営成長分析

（１）自己資本成長率モデルとデータ[4]

酪農経営の成長は財務諸表を用いて分析できる。貸借対照表では負債・資本の部から資金の調達源泉，資産の部から資金の運用をとらえることができる。損益計算書では会計期間の経営成果が分かる。複式簿記に基づく利益額の計算方法には財産法と損益法の２つある。前者は貸借対照表から当期利益を計算する方法で，期首と期末を比較した自己資本

[3]『農経調』の名称が1995年から『農業経営動向統計』に変わった。横溝[1988]は『農家資金動態統計』を用いて，酪農経営の規模別に分けた貸借対照表を作成し，その資金のうごきについて安全性指標を中心に検討している。浅見[2000b]は，総資産収益率の規定要因の１つに資本構成を取り上げ，その関連性を計量分析により検証している。

[4] このモデルの基本的枠組みは，Barry et al.[1979]，亀谷[2002]を参考にした。亀谷では『農経調』の「酪農単一経営」を用いている。データ上問題の１つは負債額に，経営由来と家計由来のもの両者を含んでいることである。この分析ではすべてを農業用の負債として処理することにした。また，資産についても同じく家計に帰属するものが含まれている可能性がある。ここでは農業資本を資産としてみることとした。さらに，農業資本には土地や金融資産が含まれていないこと，および資産評価が年度始めの現在価値であることに注意を要する。

(資本額)の増殖分をもってその期間の当期純利益とする資金収支である。後者は損益計算書から収益と費用の差額として当期利益が計算される経営収支である。この2つの方法によって計算された当期利益は同値となることが特徴である。

亀谷［2002］はこのような2つの方法で特徴づけられた財務諸表をもとに経営者の経営管理能力について，財務管理を視点にその規範性を考察している。そこでは経営者の基本的な経営管理内容として，以下の3つをあげている。1つは損益計算書に基づく経営収支（収支計画）である。2つは貸借対照表の貸方に基づく資本構成（レバレッジ比率）で，資本の調達状況を自己資本と負債の構成割合から把握するものである。3つは貸借対照表の借方に基づく流動性で，流動的資産の構成から流動性を把握することである。経営者にとって，これら3つの管理内容のすべてを把握したマネジメントが規模拡大にともない備えなければならない要件といえる。

以下では，自己資本成長率モデルを援用し，酪農の成長要因を収益面と財務面の双方から分析する。酪農における一般的な資金調達方法は，内部留保による自己資本（減価償却費など）と資金制度・系統金融からの他人資本（借入金）である。特に酪農経営では固定資産の投資によって多額の借入金に依存することになるため，借入金の支払利子率，据置期間，償還期間の融資条件が資金調達の際に重要な要件となる。

経営の成長率の尺度として，生産額の増加分や売上高の増加分を示す指標が用いられる。自己資本成長率モデルでは自己資本の増加分のうごきが尺度となる。このモデルでは純収益算出の一部に負債が含まれることから，収益面と財務面をセットでみることができる。これが可能となるのは資本構成のうごきを示すレバレッジ比率がモデルに組み込まれているからである。資本構成を示す指標には自己資本比率や負債比率があるが，レバレッジ比率は自己資本に対する負債の割合で，長期的な支払能力を示す指標である[5]。

経営成果を所得でみるか，利益でみるかについては様々な見解がある。金澤［1986］はこの論点に関して，収益と費用の経営収支をもとに農業経営がもつ私経済的な部分からみた「企業」の性格と，技術的・社会的な部分からみた「経営」の性格に分け，この関係が二重かつ重層的であることを考察している。経営収支でとらえた場合，それらの特徴として，私経済的側面では所得と経営費を，技術的・社会的側面では純収益（利潤）と生産費をあげている。

農業経営における収益目標として，所得と純利益の双方を追求すべきである。しかし，近年みられる農業経営の法人化の進展で，経営の社会的側面からの評価が必要になる。今後，法人経営のような企業的経営が成長するには，家族労働投下の費用化をはじめ，雇用労働の導入や出資による資金調達などより外部社会との取引が重要になり，経営者はコスト管理による企業的な経営感覚が求められる。そのことから本来ならば収益目標には社会的側面を考慮した純収益（利潤）とするべきである。ただし，本章の分析は「農経調」の定義に依拠することから，収益目標を所得として酪農経営の私経済的側面からその成長過程を検証する[6]。

農業純収益（Y）を以下の式で定義する。

$$Y = r_0 A - iD = r_0 (D + E) - iD = r_0 E + (r_0 - i) D \quad \cdots ①$$

[5] レバレッジとは「梃子効果」の意味である。資金調達では他人資本を梃子とすることで，あるときは純収益が向上する（持ち上げ），逆に経済景気によっては他人資本を利用することで純収益が低下する（下がる）こともありえるという財務的危険性を有する。浅見[2000a]は，レバレッジ比率を用いて園芸経営における資金管理活動の特質を明らかにしている。

[6] 利益は粗収益－生産費＝純収益（資本利子＋地代＋企業利潤）の関係から算出される。生産費は生産のために実際に消費した価値の合計のことで，経営が持続するために必要な競争力の自己判定基準である，一方，所得は粗収益－経営費＝所得の関係から算出される。経営費とは農業粗収益をあげるために要した一切の経費であり，流動的経費と固定資産の減価償却費からなる。自家所有の生産要素である自作地地代，自己資本利子，家族労賃は含んでいない。分析モデルには純収益で表記したが，農業所得のことであり，労働，資本，土地の混合所得を意味する。

この式の農業純収益に税金支出分と家計支出分を組み入れると，自己資本純利益（留保利益）となる。

$$G=\{r_0E+(r_0-i)D\}(1-t)(1-c) \quad \cdots ②$$

ただし，Ｙは農業純収益（農業所得），r_0は資産収益率（算出は農業純収益／農業資本），Ａは総資産（算出は自己資本＋負債），ｉは平均支払利子率，Ｄは負債額，Ｅは自己資本，Ｇは自己資本純収益（留保利益），ｔは税率，ｃは家計費率である。

これらは「農経調」で用いられる各項目・指標に対応するものである。ただし，資産収益率，平均支払利子率，税率，家計費はこの分析のために加工して求めた[7]。

ここで①式から自己資本純収益率を求めると，

$$r_e=G/E=\{r_0+(r_0-i)D/E\}(1-t)(1-c) \quad \cdots ③$$

ただし，r_eは自己資本純収益率，Ｄ／Ｅはレバレッジ比率である。

このモデルでは収益性と財務の安定性を含めた自己資本純収益率によって成長率が把握できる。

図２－１をもとに目標とする成長率の自己資本純収益率とレバレッジ比率との関係を資産収益率と平均支払利子率を用いながら考察する。

まず，経営に負債Ｄがない場合は，レバレッジ比率はＤ／Ｅ＝０で，③式より，$r_0=r_e$となる。つまり，資本収益率と自己資本純収益率が同値になることを意味する。

[7] 資産収益率は農業純収益／農業資本，平均支払利子率は負債利子／（年度初負債現在価＋年度末負債額）／２，税率は租税効果諸負担／農家総所得，家計費率は家計費／可処分所得から算出した。また，「農経調」の用語や項目の詳細は中島[1983]を参照した。

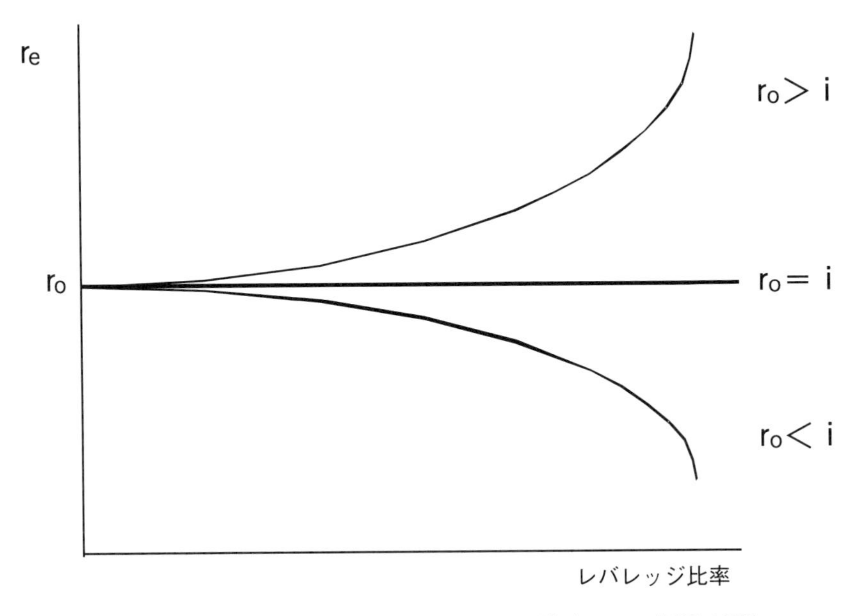

図 2-1　自己資本純収益率とレバレッジ比率による梃子効果

注 1）赤石他[1994]pp.191を引用し，一部加筆。
　2）r_e：自己資本純収益率，r_0：資産収益率，i：支払利子率。

次に，負債Dがある場合の資本構成を考える。レバレッジ比率はD／E＞0となり，③式の（$r_0 - i$）D／Eより，資産収益率が支払利子率を上回るように（そのとき$r_0 > i$），経営が良好のときは$r_e > r_0$となる。これはレバレッジが高いほどr_eは大きくなることを示す。逆に，支払利子率が資産収益率を上回るように（そのとき$r_0 < i$），経営が不良のときは$r_e < r_0$となる。これはレバレッジ比率が高いほどr_eは小さくなることになる。

（2）資本構成と資本コスト

資本構成と資本コストは経営財務論の中心テーマである。ここではレ

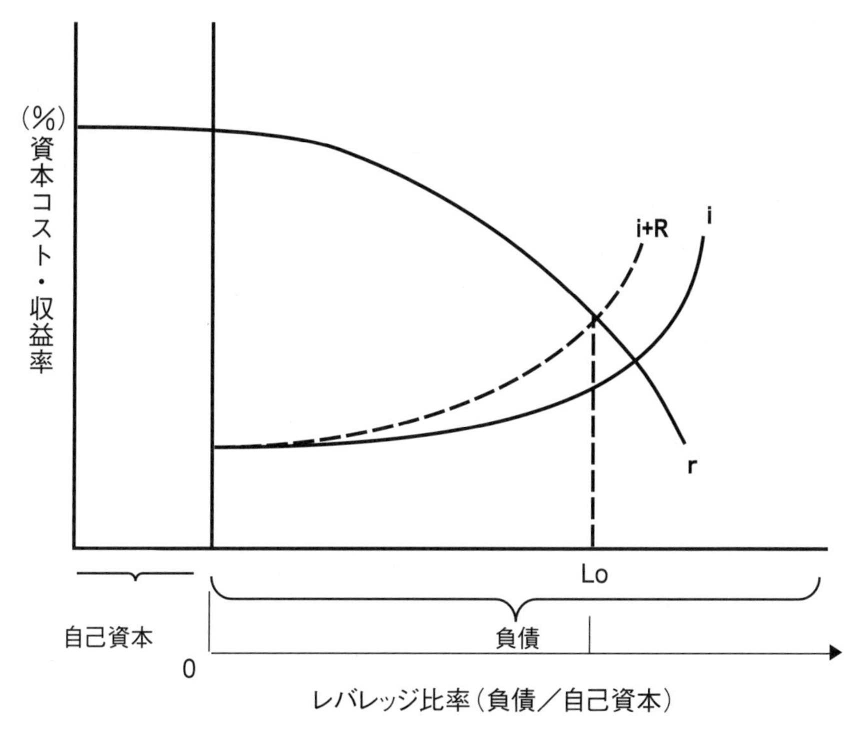

図 2-2　レバレッジ比率と資本コスト・収益率との関係

注1）Warren et al.[1988] pp.45から引用。
2）r：資産収益率，i：支払利子率，i+R：資本コスト。

バレッジ比率とコストの理論的関係をみながら，酪農における経営財務の特質について考えてみる。

資本コストとは資本利用にともなう機会の犠牲を意味する。資本を調達する際の経費，支払利子，配当などは資本コストの主要な構成要素である。資本市場においては期待利益率が資本コストを規定する。自己資本と負債をコストとして把握するとき，自己資本コストは期待利子率に，負債コストは借入金の支払利子率に基づく。また総資本コストは，負債コストと自己資本コストの加重平均から算出される。

図２－２にはレバレッジ比率と資本コストとの関係を示した。ここではレバレッジ比率の上昇，つまり負債が増えることで経営の資本規模が大きくなることを仮定している。ｒは収益性を表す主要な指標の資産収益率であるが，規模拡大により資本の規模が大きくなるにつれて，収穫逓減が作用して右下りの状態になることを示している。これは投資の限界収益力に関わってくる。ただ，資本がすべて自己資本でまかなわれているときは収益率が一定と仮定している。ｉ＋Ｒは負債コストと自己資本コストを加重平均した資本コストであるので，資本規模が大きくなるにつれて，一定に保たれていた負債コストは，金融機関の貸付制限や流動性価値が生ずることで，急に上昇することになる。

最後に総資本コストのうごきを貸付制限から説明する。いま支払利子の低い制度資金と利子の高い民間資金という２つの借入金を考えてみる。制度資金は融資可能な信用制限額があり，それを超える借入分は支払利子の高い民間資金を導入することになる。そのことで資本コストは急に上昇する。このような貨幣の信用付与制限と利子の変化から，投資の収益性に基づいた資金調達を考えるとき，収益率を示すｒ曲線と総資本コストを示すｉ＋Ｒ曲線が交わるL_0で最適なレバレッジ比率（負債と自己資本の資本構成）が決定される。

第３節　北海道酪農の成長過程

（１）自己資本純収益率の推移

1965年から94年の北海道酪農単一経営における自己資本純収益率（以下，純収益率）の推移を考察する。表２－１は「農経調」から収益と財務に関わり算出根拠となった基礎データを示した。表２－２はこれらデータから算出された諸指標を示した[8]。資産収益率やレバレッジ比率を組み入れたもので前節で説明したモデルから算出された結果を示している。

図2－3は純収益率と戸当たり飼養頭数の推移を示した。以下で論じる成長率モデルによる結果を考察する前に，成長過程を経済面と物的生産面の両面についてみてみる。物的生産面から戸当たり飼養頭数をみると1965年の6.4頭から1994年の72.5頭まで66頭の増加を果たし，年率で8.3％，前年対比はすべて100％以上の頭数増を示している。特に1967年から77年にかけては，前年対比110％以上の急速な伸びを示している。

次に経済面から純収益率をみる。そのうごきから大きなピークが2つ確認できる。1977年と1989年のピークである。純収益率は1965年の0.3％から，1970年1.4％，1975年には0.9％と推移して，1977年には23％に達する。しかし，その後の1983年までは純収益率は下降傾向を示し，1981年には－0.4％，1983年には－0.2％のマイナス成長の局面に転じている。その後は1～6％台の推移を経て，1989年には18％にまで達して，再び1993年には下落傾向に転じている。

このように物的生産である飼養頭数は著しい増加を示している一方で，経済面の純収益率は高低を示し，不安定な状態である。このことは必ずしも生乳生産力の向上が，経営の経済性（収益性向上）には結びついていないことを意味する。次節では酪農経営の生産面と経済面でみられたうごきのちがいについて，その要因を検討していく。

[8] 自己資本は，貸借対照表の資産と負債の差額から算出されたものである。

表 2-1　北海道酪農における農家経済の推移

（単位：千円）

	農業所得	租税効果諸負担	可処分所得	家計費	農業資本	固定資本	流動資本	負債利子現在価	負債額年度末	借入金
1965	541	73	656	649	2,309	2,063	245	49	927	―
1966	744	85	872	741	2,917	2,616	301	62	1,214	1,408
1967	945	111	1,041	896	4,237	3,793	444	87	1,433	1,875
1968	1,217	152	1,295	1,033	5,304	4,786	518	106	1,921	2,440
1969	1,085	155	1,254	1,049	6,193	4,904	1,289	101	2,110	2,455
1970	1,091	182	1,233	1,140	6,339	5,657	682	127	2,285	2,509
1971	1,434	215	1,639	1,271	6,358	5,608	751	163	2,759	3,086
1972	1,881	286	2,367	1,559	7,628	6,699	928	201	3,548	3,660
1973	2,190	336	2,748	1,731	8,070	6,944	1,126	228	4,017	4,629
1974	2,734	435	3,076	2,107	10,321	8,718	1,604	250	4,990	5,643
1975	3,338	514	3,585	2,618	12,905	10,857	2,048	391	6,015	7,628
1976	4,672	634	4,825	3,092	15,213	12,715	2,498	472	7,834	8,227
1977	6,012	938	5,993	3,139	20,485	17,041	3,444	581	11,516	11,644
1978	6,342	1,102	6,214	3,714	26,193	22,321	3,871	743	15,117	14,868
1979	7,009	1,504	7,104	4,187	30,722	26,445	4,276	833	18,017	17,708
1980	5,028	1,533	5,035	4,279	33,878	29,281	4,597	1,014	21,241	21,055
1981	4,045	1,479	4,142	4,312	37,669	32,625	5,044	1,178	25,048	24,449
1982	5,035	1,557	4,599	4,501	39,481	33,919	5,562	1,303	26,511	25,464
1983	5,269	1,779	4,463	4,546	39,670	33,457	6,213	1,390	27,873	26,951
1984	5,994	1,802	5,915	4,674	42,081	35,491	6,590	1,458	29,087	27,615
1985	6,367	1,965	5,151	4,999	41,983	35,292	6,691	1,478	30,645	27,827
1986	7,417	2,280	6,118	4,651	42,197	35,866	6,331	1,393	30,568	27,436
1987	6,847	2,441	5,713	4,903	41,103	34,984	6,118	1,292	28,661	25,600
1988	9,399	2,517	8,460	4,795	40,687	34,532	6,156	1,174	27,856	24,989
1989	10,848	2,678	9,805	5,481	43,264	36,411	6,853	1,136	27,111	25,419
1990	8,589	2,700	7,916	4,892	45,318	38,196	7,123	1,100	25,296	22,978
1991	7,045	1,963	8,295	4,919	48,641	40,667	7,974	1,092	26,331	23,814
1992	6,757	1,969	7,919	5,097	46,349	38,483	7,866	1,030	26,162	24,264
1993	5,565	2,197	6,666	5,521	47,525	39,792	7,733	1,040	26,641	24,598
1994	7,486	2,242	8,355	5,571	41,514	34,139	7,374	1,036	26,931	24,563

資料）農林水産省統計情報部『農家の形態別にみた農家経済』（各年）。

表 2-2　北海道酪農の収益と財務状態の推移

（単位：千円）

	自己資本	レバレッジ比率	農業純収益	自己資本純収益	資産収益率 r_0	平均支払利子率 i	税率 t	自己資本純収益率 r_e
1965	1,382	0.670	407	4	0.234	0.096	0.100	0.003
1966	1,703	0.713	580	87	0.255	0.088	0.089	0.051
1967	2,804	0.511	735	102	0.223	0.092	0.097	0.036
1968	3,383	0.568	940	190	0.230	0.087	0.105	0.056
1969	4,083	0.517	811	132	0.175	0.083	0.110	0.032
1970	4,053	0.564	749	56	0.172	0.102	0.128	0.014
1971	3,599	0.766	1,010	226	0.225	0.106	0.116	0.063
1972	4,080	0.869	1,351	461	0.247	0.103	0.108	0.113
1973	4,052	0.991	1,636	606	0.271	0.088	0.109	0.149
1974	5,331	0.936	2,058	649	0.265	0.077	0.124	0.122
1975	6,890	0.873	2,391	645	0.259	0.100	0.125	0.094
1976	7,379	1.062	3,411	1,225	0.307	0.104	0.116	0.166
1977	8,968	1.284	4,296	2,046	0.294	0.091	0.135	0.228
1978	11,076	1.365	4,294	1,728	0.242	0.085	0.151	0.156
1979	12,704	1.418	4,578	1,880	0.228	0.081	0.175	0.148
1980	12,637	1.681	2,441	367	0.148	0.087	0.233	0.029
1981	12,620	1.985	1,346	-55	0.107	0.089	0.263	-0.004
1982	12,970	2.044	1,852	39	0.128	0.096	0.253	0.003
1983	11,797	2.363	1,829	-34	0.133	0.097	0.285	-0.003
1984	12,994	2.238	2,383	500	0.142	0.099	0.234	0.038
1985	11,338	2.703	2,417	71	0.152	0.099	0.276	0.006
1986	11,629	2.629	3,299	791	0.176	0.094	0.271	0.068
1987	12,442	2.304	2,913	413	0.167	0.094	0.299	0.033
1988	12,831	2.171	5,335	2,311	0.231	0.089	0.229	0.180
1989	16,153	1.678	6,746	2,976	0.251	0.083	0.215	0.184
1990	20,023	1.263	4,731	1,807	0.190	0.089	0.254	0.090
1991	22,310	1.180	3,854	1,568	0.145	0.087	0.191	0.070
1992	20,187	1.296	3,724	1,327	0.146	0.081	0.199	0.066
1993	20,884	1.276	2,591	445	0.117	0.080	0.248	0.021
1994	14,582	1.847	4,212	1,403	0.180	0.080	0.212	0.096

資料）農林水産省統計情報部『農家の形態別にみた農家経済』（各年）。

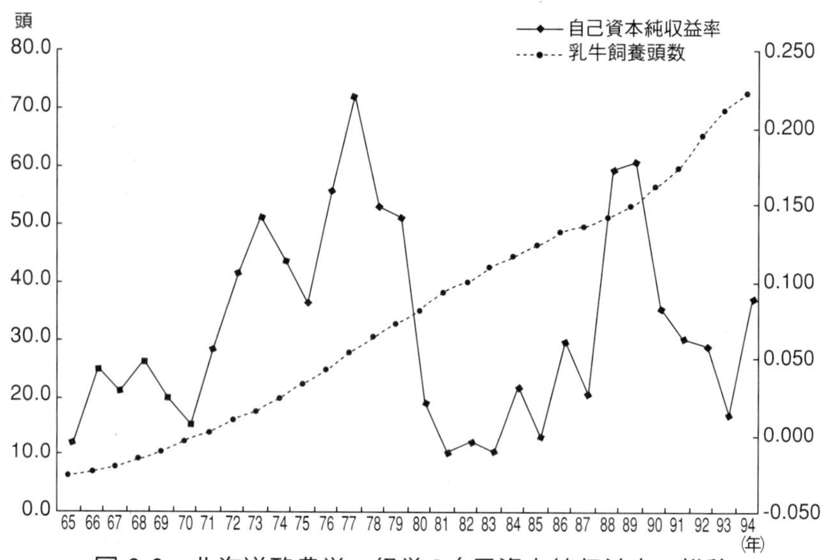

図 2-3　北海道酪農単一経営の自己資本純収益率の推移

資料）農林水産省統計情報部『農家の形態別にみた農家経済』（各年）。

（2）純収益率とレバレッジ比率

収益性指標の純収益率と安全性指標のレバレッジ比率とがどのような関係にあったのか，それらのうごきから北海道酪農の成長過程を検討する。図２－４はレバレッジ比率と純収益率の関係をプロットしたものである。表２－３で示した北海道酪農の生産構造や政策の展開過程を参照しながら，純収益率とレバレッジ比率の推移を検討する [9]。

[9] 鵜川[1998]は，北海道酪農の収益構造について時代区分別に展開過程を考察している。1980年までは，飼料単価に比べて乳価が高く相対的に有利な交易条件のもとで積極的な規模拡大が行われたが，飼料自給率は低下した。しかし，同時に負債の増加はみられたが，それ以上に収益性は向上した時期とみている。1980年代は生産調整が行われつつも高度な飼養管理技術の普及によって規模の経済性がみられた。しかし，さらなる濃厚飼料に依拠した経営体質が特徴の時期とみている。1990年は交易条件の悪化により収益性が不安定になった時期で，環境問題や乳牛の疾病問題が表面化してきたとみている。

純収益率の成長モデルの算出結果から酪農の経営展開を４つの局面に分けることができる。表２－３には相対価格比を示したが，これは乳価と飼料単価のうごきに反映されるもので酪農の経済的与件を示す指標である。酪農経営の場合，収益の大半は生乳販売高からなり，乳価水準に依存している。支出についてはそのシェアで最も大きいのが飼料費であり，それは飼料単価水準に依存している。特に飼料費のうごきは生乳生産に直接結びつくものである。飼料の給与量から生乳生産の効率性が，単価水準から収益性が相乗的に把握できる。

以下では，純収益率とレバレッジ比率のうごきから４つに分けた局面の特徴について，交易条件である相対価格比を参照しながら考察する。

１）第１局面（1965 年～ 77 年）

この期はレバレッジ比率と純収益率の双方がともに増加している「併行増大期」といえる。レバレッジ比率は 67 ％から 128 ％へと増加，純収益率も３％から 23 ％へと増加している。つまり，この期は資産収益率 r_0 が平均利子率 i を上回っている。このように経済的与件が規模拡大を展開する上で好条件となっていた時期であると解釈できる。

この局面の特徴は負債に依存した資金調達が，収益性向上に直接に結びついていたことが確認できる。これは支払利子と資産収益率の比較からも明らかである。規模拡大路線の中で負債に依存した拡大投資が，酪農経営にとってすべて順調に作用している。実際に北海道の生乳生産量は 1965 年の 67 万トンから 1977 年には 178 万トンへと 2.6 倍の増加を示し，前年比伸び率では 1967 年から 70 年には２桁の実績を示している。生乳生産量の加速度的な増加と経営規模の拡大基調の背景には，好況によりスムーズな投資の回収が行われたこと，牛乳・乳製品需要の飛躍的な増加がみられたこと，農業基盤整備事業の進展によるインフラ整備，そして経済与件である保証乳価の上昇期に一致していたことは見逃せない。北海道における大規模酪農経営の基盤が形成されたのはこの時期からといえる。

2）第2局面（1978年〜85年）

この局面は1978年から85年までを時期区分とした。レバレッジ比率の増加に対して，純収益率が低下傾向に転じた局面である。資金調達として他人資本に依存した経営では収益性の向上を達成できなくなる。この期のレバレッジ比率は270％の増加を示したが，純収益率は23％から1985年には0.6％まで大きく減少している。第1局面では生産者にとって積極的な投資行動や規模拡大が展開されるが，一方では投資の収益力が期待された経営成果や収益性が実現できず，償還不能な負債だけが残るという酪農の経営経済に負の効果をもたらした時期であると解釈できる。負債に依存しながら，規模拡大を図った経営にとっては極めて苦しい時期に直面することとなる。

経営の負債問題はこの時期から次第にクローズアップされていくこととなる。負債問題の対応として政策的な支援が講じられたのがこの期である。1981年には酪農負債整理基金制度がスタートした。またこの時期は，経済成長が高度成長から低成長へと移行し，牛乳・乳製品需給の不均衡やバター・脱脂粉乳などの国内産乳製品の需要が伸び悩み，構造的過剰在庫の問題が生じてきた。海外乳製品の輸入増加と牛乳・乳製品需要が低迷したが，生乳生産量が増加した。また経済の交易条件として，保証乳価90円前後の高水準に対して，飼料価格が相対的に低下したことも考えられる（表2－3参照，相対価格比は1.3から1.5で推移）。この期は規模拡大による生産力増加が直接的に農家経済の安定化には結びつかなかったことが特徴である。1979年から始まる生乳需給調整の計画生産の実施が経済状況の悪化にさらに拍車をかけた。

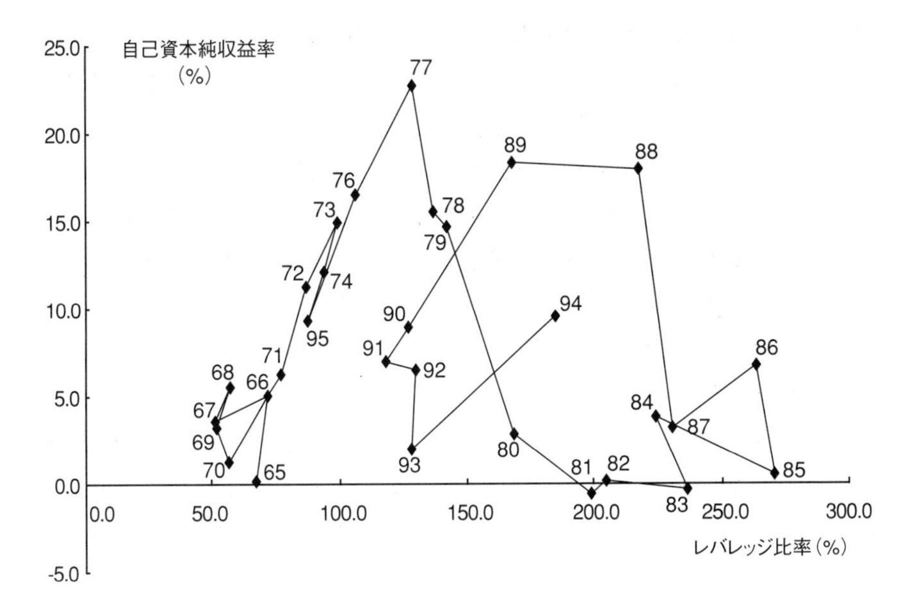

図 2-4　自己資本純収益率とレバレッジ比率との関係(1965年〜94年)

注)図中の数値は西暦を表す。

3）第3局面（1986 年〜 89 年）

この局面は1986年から89年までの4年間である。図2－4よりいままで伸びていたレバレッジ比率が低下に転じており，一方，純収益率は再び上昇傾向にあることが見受けられる。レバレッジ比率が低下した背景には，酪農経営の固定化負債の問題がある。政策的には酪農負債整理対策も講じられたことから，生産者の間では追加的な資金調達や追加的拡大投資をできるだけ回避する傾向にあった。

表2－1からこの期間の戸当たり農業資本額が1986年約4,200万円から1988年約4,000万円に減少していることからもうかがえる。この局面は頭数増加による規模拡大より，個体乳量の向上や乳牛資本の集約化による規模拡大であり，拡大プロセスの変化がみられる。飛躍的に個

体乳量が向上した結果，経産牛１頭当たり乳量は7,000 kg台に突入している。このような技術進歩には乳牛検定事業，乳牛改良や繁殖技術の向上（受精卵移植技術の発達），飼料給与技術の合理化や効率化などがあげられる。また輸入飼料価格が円高ドル安の影響を受けて大幅に安くなり，交易条件は乳価との関連で相対価格比が1.4から1.7に推移するという経済的有利性も加わり，飼養改善効果による個体乳量の向上で生乳生産力が増加したといえる。さらにこの期の特徴である金融資産の蓄積と資産価格の上昇によるキャピタルゲインは，酪農経済にもプラスの面で作用した。特に表２－４から，1985年から89年にかけての乳牛個体価格の上昇が確認できるが，1989年の初妊牛は52万円，廃用牛でも28万円に達している。このように生乳生産力の増加と好景気による個体価格の上昇が相乗効果を生み，純収益率の上昇に寄与したといえる。

4）第4局面（1990年～94年）

この期は1990年から4年間のうごきである。レバレッジ比率はさらに低下傾向を示し，1989年の167％から1991年には118％にまで低下する。その後1994年には再び184％に上昇している。一方，純収益率は1990年以降低下に転じ，1993年には2.1％になる。レバレッジ比率と純収益率の双方が減少している。ただし，1994年には純収益率は上昇に転じている。

円高基調により飼料価格が40円台まで低下して，乳価の低下にもかかわらず相対価格比は1.8となっており，生産基盤としては比較的好条件であったと推測される。結果として，戸当たり飼養頭数は70頭規模に，生乳生産量は1990年には300万トン台に達した。しかし，収益性についてはレバレッジ比率の高低が第3局面でみられた純収益率の上昇には結びつかなかった。主な要因として牛肉輸入自由化による乳牛個体価格の下落があげられる。個体販売による酪農経営の副産物売上の経済性悪化が大きな打撃であった。乳牛個体販売価格は1990年から低下し始め，1993年には初妊牛で25万円（1989年からは50％の減少率），廃用牛では72,000円（同年から74％の減少率）にまで低下している（表2－4）。

表 2-3　北海道酪農の生産・経済・政策のうごき

局面		生産量(千トン)	伸び率(%)	保証価格(A)(円/kg)	飼料価格(B)(円/kg)	相対価格比(A)/(B)	主要な制度政策
第1局面	1965	670	112.2	—	—	—	「加工原料乳生産者補給金等暫定措置法」公布
	1966	704	105.1	37.03	35	1.06	「第一次酪農近代化基本方針」(1971年目標)
	1967	771	109.5	40.39	35	1.15	
	1968	905	117.4	42.52	35	1.21	総合施設資金
	1969	1,062	117.3	43.52	34	1.28	ナチュラルチーズ輸入で新制度
	1970	1,186	111.7	43.73	37	1.18	
	1971	1,258	106.1	44.48	38	1.17	「第二次酪農近代化基本方針」(1977年目標)
	1972	1,335	106.1	45.48	36	1.26	北海道酪農リース協会設立
	1973	1,353	101.3	48.51	49	0.99	新酪農村事業(根室管内別海町)
	1974	1,398	103.3	70.02	68	1.03	
	1975	1,448	103.6	80.29	66	1.22	配合飼料価格安定対策事業
	1976	1,563	107.9	87.41	67	1.30	「第三次酪農近代化基本方針」(1985年目標)
	1977	1,775	113.6	90.62	66	1.37	生乳の細菌数規制本格化
第2局面	1978	1,904	107.3	90.62	58	1.56	
	1979	2,052	107.8	88.87	62	1.43	生乳需給調整(計画生産)
	1980	2,117	103.2	88.87	72	1.23	「第四次酪農近代化基本方針」(1990年目標)
	1981	2,132	100.7	88.87	74	1.20	酪農負債整理基金制度
	1982	2,238	105.0	89.37	69	1.30	
	1983	2,383	106.5	90.07	71	1.27	「第一次酪肉近代化基本方針」,酪肉振興法
	1984	2,461	103.3	90.07	70	1.29	畜産振興資金制度スタート
	1985	2,604	105.8	90.07	63	1.43	
第3局面	1986	2,657	102.0	87.57	51	1.72	
	1987	2,611	98.3	82.75	49	1.69	生乳取引基準の乳脂肪3.5%
	1988	2,748	105.2	79.83	46	1.74	特別調整乳制度,「第二次酪肉近代化基本方針」
	1989	2,979	108.4	79.83	50	1.60	大家畜経営体質強化資金
第4局面	1990	3,058	102.7	77.75	51	1.52	酪農ヘルパー円滑化対策事業
	1991	3,221	105.3	76.75	49	1.57	牛肉輸入自由化
	1992	3,432	106.6	76.75	45	1.71	
	1993	3,462	100.9	76.75	41	1.87	ウルグアイラウンド妥結
	1994	3,392	98.8	75.75	40	1.89	1995年「第三次酪肉近代化基本方針」

資料）農林水産省統計情報部『畜産物生産費調査』,北海道酪農協会『酪農情勢資料』。

表 2-4　乳牛個体価格の推移(北海道)

(単位:千円/頭)

	初妊牛	廃用牛
1985	359	260
86	371	281
87	414	274
88	490	278
89	522	279
90	417	152
91	351	123
92	301	104
93	253	72
94	311	90

注)北海道酪農畜産課調べ。

第4節　むすび

本章の課題は，酪農経営の財務的成長分析を試みることで，規模拡大過程を通じて収益や財務に関わる指標の変化要因と成長要因を検討することであった。酪農経営の発展や成長を左右する様々な要因がある中で，純収益率のうごきを成長のメルクマールとしてみてきた。

1960年から現在までの規模拡大に基づく酪農経営の成長過程について，純収益率の他に，安全性指標のレバレッジ比率のうごきから，4つの局面に区分して考察した。これらうごきの背景には制度・政策的与件，酪農の高度な技術的与件，経済的与件，乳価や飼料単価や個体販売価格など価格条件が深く関わっている。これら指標の関係は交易条件である乳価や飼料価格の相対価格が反映されていること，かつ経済が好況であれば，負債に依存してレバレッジ比率を高めることで，自己資本純収益率が上昇していく局面が確認できた。しかし，その後の生乳の衛生規制や計画生産といった政策的与件により，収益力と資本構成の関係がいままでとは異なるプロセスに転じた。これは景気変動や相対価格のうごきにもよるが負債依存のレバレッジ比率を高めることが直接，経営収益の向上には結びつかなくなり，経営にとって有利に作用しなくなったことが考えられる。

本章の財務的成長分析の考察を通じて明らかになったことの１つは，多額の負債に依存しながら成長を遂げる規模拡大時期と，自己資本によって成長を遂げる規模拡大時期の存在が確認できたこと。つまり，酪農の規模拡大にはその資金調達や資本構成のいかんによっては経営収益が増大する局面があり，逆に減少要因となる局面も存在したことである。２つは経済条件や価格条件を与件として酪農経営が大きく影響を受けたことである。このことから，酪農経営の成長過程をみた場合，負債残高や自己資本などの財務状態の安定度合が深く関わっている。

また生産者による投資の主たる決定要因には，投資の期待収益率と支払利子率との比較考量や経済景気の外部要因などがあげられるが，資金調達の際の資本構成や財務リスクや，収益性の変動を想定した経営リスクや，さらに自己資金の場合は機会コストを考えることが必要になる。

第3章　北海道酪農における経営規模と収益性・安全性

第1節　はじめに

WTO農業交渉では輸出補助金のあり方，市場アクセス，国内支持の3分野についての多国間協議が進む一方で，関税や輸入数量制限を原則として撤廃する2国間自由貿易協定（FTA）のうごきが急に展開している。このような急速な国際市場化の中，わが国では農産物や生産資材などの市況変動や国際的経済環境に的確に対応できるような酪農経営の育成・体質強化を図る制度・政策が講じられている。1993年に施行された「農業経営基盤強化促進法」は，農地の流動化・集積化の推進，営農意欲のある生産者に対する債務負担の軽減，新規就農者の確保を目標としたものである。さらに1999年に施行された「食料・農業・農村基本法」（新農基法）や「新たな酪農・乳業対策大綱」においては，主要な改革の1つに「経営体・担い手対策—ゆとりある生産性の高い酪農経営の確立—」を取り上げ，国際競争力を意識した経営体の確立を推進している。

先進国においても農産物の市場開放や経済のグローバル化が進む中で，低コストに対応できない経営は離農・廃業を余儀なくされ，酪農家戸数は急速に減少している。その一方で，大規模化は着実に進展している。特にアメリカではそのうごきが顕著である。アメリカ農務省（USDA）の『Agricultural Statistics』を用いて，アメリカにおける酪農経営規模構造の変化を示したのが表3－1である。搾乳牛頭数規模別戸数についてみると，500頭以上層は1997年の2,336戸から2000年には2,680戸と，3年間で10％増加している。これら大規模層の生産量

表 3-1　アメリカにおける搾乳牛頭数規模別の戸数の推移

（単位:%）

搾乳牛頭数	1995 戸数	1996 戸数	1997 戸数	1998 戸数	1999 戸数	1999 生産量シェア	2000 戸数	2000 生産量シェア	2001 戸数	2001 生産量シェア	2002 戸数	2002 生産量シェア
1~29	53,300	46,400	39,070	35,690	32,920	2.0	30,810	1.8	28,125	1.6	25,680	1.5
30~49	32,760	30,710	27,285	25,155	24,055	8.5	22,110	7.7	19,870	6.7	18,525	6.1
50~99	41,130	38,440	35,850	34,277	32,935	20.9	31,360	19.4	29,195	18.3	27,865	17.4
100~199	14,680	14,570	14,040	13,748	13,250	17.9	12,865	17.3	12,335	16.5	11,860	15.6
200~499	6,820	6,910	5,119	5,145	5,290	17.3	5,350	18.0	5,195	17.9	5,155	17.5
500~999	-	-	2,336	2,415	1,600	12.5	1,700	13.7	1,700	13.5	1,750	13.9
1,000~1,999	-	-	-	-	695	11.7	695	11.6	770	13.2	775	13.0
2,000以上	-	-	-	-	255	9.2	280	10.5	320	12.3	380	15.0
合　計	148,690	137,030	123,700	116,430	111,000	100.0	105,170	100.0	97,510	100.0	91,990	100.0

資料）USDA『AGRICULTURAL　STATISTICS』。
注）生産量シェアの単位は%。

シェアをみると，1999年は33.4％，2000年は35.8％，2001年は39.0％，2002年は41.9％とその勢いには目を見張るものがある。2002年では500頭以上層の戸数割合は全体の3.2％に過ぎないが，生産量では40％以上のシェアである。他方，500頭以下の層では小規模になるにつれて，その戸数減少の度合いは増す傾向を示している。このように大規模化は500頭以上層のうごきが注目される。

次に北海道における搾乳牛飼養頭数規模別構造を表3－2に示した。大規模層の区分が100頭以上で一括に集計していて，アメリカの統計資料のような詳細な区別とまでは至らないがすう勢をみてみる。1993年から2003年のうごきで，100頭以上層が1993年の250戸から，2003年の1,010戸に年率で13.4％の増加を示している。一方，それ以下の層の年率をみると1～29頭層は8.0％減，30～49頭層は5.5％減，50～99頭層は0.9％減と小規模になるにつれて，減少度合いは大きくなる。北海道においてもアメリカの生産構造と同様に大規模化が進んでいることを示している。

わが国では1戸当たり乳牛頭数規模を拡大し，1頭当たり生乳生産量を増加することが，これまでの酪農政策の中心課題であった。その結果，

表3-2　北海道における搾乳牛頭数規模別の戸数の推移

成牛頭数	1993	1994	1996	1997	1998	1999	2001	2002	2003	93-03年度年率(%)
1～29	3,140	2,770	2,190	1,930	1,640	1,370	1,380	1,270	1,240	▲8.0
30～49	4,690	4,260	3,760	3,610	3,300	3,010	2,540	2,740	2,500	▲5.5
50～99	4,580	4,840	4,730	4,710	4,680	4,770	4,480	4,200	4,150	▲0.9
100以上	250	310	400	470	590	690	930	910	1,010	13.4
合　計	12,660	12,180	11,080	10,720	10,210	9,840	9,330	9,120	8,900	▲3.1

資料）農林水産省統計情報部『畜産基本統計』。
注１）1995年と2000年は農業センサスを実施のため省いてある。
　２）年率とは伸び率のこと。

北海道では１戸当たり飼養頭数規模88頭，経産牛１頭当たり生産量8,000 kgを達成し,平均ではＥＵをはるかに上回る水準となった（2001年）。さらに酪農を生活レベルで再評価する見解も生まれ，生産者の中で経営方針や哲学といった経営観の多様化がみられる。労働時間の少ないゆとりを目指した経営，土地基盤に立脚し資源循環を励行して効率向上を目指した経営，ふん尿の堆肥化に力を入れ環境保全に徹底した経営，経営規模の拡大をモットーとした経営，地域全体をまき込んだ形での経営など，新しいスタイルの酪農経営が生まれつつある。

酪農生産者の価値が多様化していて，規模拡大一辺倒でない経営もあらわれている[1]。根釧地域におけるマイペース酪農交流会による経営循環を重視した「規模を適正に縮小する」取り組みは，その代表的なものである[2]。経営スタイルは多様化しているが，経営目標は一定水準の所得確保とコスト削減に変わりない。確かに海外の農産物が輸入された場合，国内の乳製品価格が国際水準へ近づくことになるので，乳価の引き

[1] 並木[1995]は，わが国の酪農経営の特徴として規模拡大意欲の強弱を表す軸と物的な生産条件の優劣を表す軸の２つを用いて，今後の経営スタイルの多様化の傾向を指摘している。
[2] 吉野他[1994]は，飼養頭数や出荷乳量を縮小しながら所得を増大させる転換のプロセスに注目し，事例農家の経済収支の分析を試みている。規模縮小の体系的変化の要点は堆肥生産と放牧といった土地利用における乳牛の労働手段的な機能の重視であり，経営外部の資材投入の減少と内部資源の循環を評価している。折登[2001]では，集約放牧を代表とする低投入型酪農の飼養形態の経済性と持続性について個票データを用いながら検証している。

下げに見合った，コストの削減が可能な経営体を作り上げることが必要である。低コストのための基本条件である規模拡大や生産要素の集約的投入といった戦略にも追加投資が必要となる。生産者は投資の際，新規の資金調達と償還計画といった経営財務のうごきをより一層留意する必要がある。

本章では酪農経営診断データの個票を用いて，「主成分分析」を試みることで規模拡大と収益性・安全性の関わりを定量的にとらえることを目的とする。つまり，求められた総合特性値を類型化することにより，現時点での酪農生産構造の特徴について財務状況を含めながら明らかにする。

主成分分析は複数のデータ（変数）に，異なるウェイトを付けて互いに独立な合成された変量を求める方法である。この方法は一般企業の経営分析に頻繁に用いられる。経営診断により得られたいくつかの指標をこの分析の変数として，それらの性質・成分をいくつかに類型化することで総合的に経営内容を評価することができる。

第２節　診断農家の経営概要

（１）経営概要

分析に使用するデータは酪農総合研究所の経営診断事業（以下，「診断事業」）に参加する経営のうち，北海道の専業酪農経営44戸（1995年）を対象とする（以下，「診断農家」）。地域別の農家戸数は宗谷地域19戸，根釧地域13戸，十勝地域９戸，網走地域３戸である。いずれも北海道を代表する酪農地帯である。表３－３に診断農家の経営概況を示した。飼料作面積は57ha，成牛換算頭数，経産牛飼養頭数はそれぞれ95頭，61頭であり，１頭当たり飼料作面積が多く，自給飼料生産の基盤をもつ土地利用型経営である。年間の生乳生産量は442トン，経産牛１頭当

表3-3　「診断農家」の経営成果（1995年）

	単位	平均	変動係数(%)
飼料作面積	ha	56.6	37.9
労働人員	人	3.1	32.2
1人当たり労働時間	時間	2,008	31.3
成牛換算頭数	頭	95.3	31.7
経産牛頭数	頭	60.9	28.5
生産生産量	トン	441.8	43.4
農業所得	千円	12,252	68.7
酪農所得率	%	22.8	33.3
副産物差引生産費	円/kg	58.9	15.7
酪農所得/経産牛1頭	千円	107.6	61.7
経産牛1頭当たり乳量	kg	7,211	23.3
乳飼比	%	23.6	21.6
自給飼料費TDN1kg当たり生産費	円/kg	36.8	51.9
自己資本比率	%	67.4	36.4
売上高負債比率	%	56.9	67.9

注1）飼料作面積には借地を含む。
2）労働人員は150日以上従事するもので労働力換算されている。
3）サンプル数は44戸。

たり乳量は7,211kgである。農業所得の１戸当たり平均は1,200万円である。「新農政プラン」で提言している望ましい水準は800万円であるから，診断農家の水準はすでにこの目標を大幅に達成している。収益性を示す酪農所得率は22.8％である。

同表には各変数の分散の大きさを示す変動係数をみると，いずれの変数も分散が大きい。経産牛頭数は30頭から120頭までの広範な経営規模を包含しており，規模の経済性についても分析から得られる情報が多いことが期待される。農業所得はもっとも分散が大きい変数で，変動係数は68％もあり，経産牛頭数の変動係数の２倍以上である。これに対して経産牛１頭当たり乳量の変動係数は23％でそれほど大きくない。所得格差は頭数規模や生産技術水準ではとらえられない個々の経営効率の差を大きく反映している可能性がある。

（2）生産コスト

表3－4には診断農家の生乳生産費を示している。「診断事業」の生産費算出方法は農水省統計情報部『畜産物生産費』に依拠している。大きなちがいは労働費の算出である。「診断事業」では，保証乳価の算出で用いられる加工原料乳地域の推定生産費の評価労働単価を引用している[3]。副産物差引生産費（以下，生産費）は生乳100kg当たり5,791円である。

飼料費は全体の約47％を占め，うち購入飼料費が27.8％，自給飼料費が19.0％である。土地資源が比較的恵まれているにもかかわらず，購入飼料費への依存度は高い。輸入飼料のＴＤＮ 1kg当たり価格の推計結果によれば，濃厚飼料は57.7円，輸入乾草は85.7円，北海道における放牧を含まない自給飼料費（費用価）は33.4円，放牧を含む場合は29.3円である[4]。診断農家の自給飼料費（費用価）は平均36.8円で，濃厚飼料の57.7円より小さいが，分散が大きく，変動係数は51.9％である（表3－3）。これは農家間にみられる粗飼料の単収水準の格差や，圃場条件のちがいによる収穫機械の稼働率に大きく関係している。自給飼料生産費を低下させるには，団地化による圃場整備の促進や高栄養・高収量の粗飼料の安定的な生産技術，さらに粗飼料生産の機械化技術体系の確立が必要で，乳牛の飼養状態に適合させた粗飼料給与を中心にした飼養管理が課題となる。

減価償却費は1,006円で，生産費に対する割合は16.2％と比較的小さい。償却費のうち乳牛償却費の割合が68％を占めている。このことは診断農家において乳牛の供用年数の短縮や平均産次の低下が顕著にみられることから，会計上で乳牛処分損が発生し，減価償却費に上乗せされている高くなっていると解釈できる[5]。

[3] 単価は『毎月勤労統計調査』に基づき算出される。単価は1時間当たり1,700円で，加工原料乳地域製造業5人以上規模の1時間当たりの賃金水準を想定している。

表 3-4　診断農家の生乳生産費（1995年）

（単位:円/100kg,%）

費　　目	診断農家	
	生産費	構成比
購入飼料費	1,732	27.8
自給飼料費	1,183	19.0
労働費	230	(3.7)
その他費用	953	(15.3)
労働費	1,390	22.4
雇用労働	18	(0.3)
家族労働	1,372	(22.1)
診療衛生費	279	4.5
動力･光熱費	144	2.3
養畜･種付料	108	1.7
減価償却費	1,006	16.2
乳牛（処分損含）	682	(11.0)
建物施設	153	(2.4)
機械器具	171	(2.8)
その他費用	377	6.1
当期費用合計	6,220	100.0
副産物価格	429	
副産物差引生産費	5,791	
自給飼料生産費	33	

注1）生乳は脂肪率3.5%に換算した。
2）「その他費用」は「敷料費」「諸材料費」「賃借料及び料金」「生産管理費」「物件税及び公課諸負担」。
3）労働費の算出は労賃単価1時間1,700円。
4）自給飼料生産費はTDN1kg当たり。

（３）経営の安全性

一般的な経営分析では，安全性の指標には貸借対照表に基づき得られる流動比率や負債比率が用いられる。この指標により経営が直面する財

[4] 高野［1995］を参照。高野［2003］では，わが国とイギリスとでTDN1kg当たり自給飼料費の比較分析を試みている。山本［1996］では，北海道酪農を対象に自給飼料生産コストから技術効率を分析している。

[5] 扇他［2001］は，乳牛の供用年数が短くなっている要因について，生産者による積極的（計画的）淘汰と，消極的（不慮）淘汰がみられるとしている。

務リスクの大小を把握することができる。また，この指標は支払義務のある負債を遅滞なく償還できる可能性や経営の支払能力をみることができる。

経営診断では，生産者が記録する「野帳」から得られる基礎データから「損益計算書」，「貸借対照表」，「生産コスト表」，「損益分岐点」を作成し，経営規模，経営成果，収益性，生産性，生産コスト，生産技術，安全性の診断項目[6]について分析している。このうち収益性と財務分析による経営の安全性の項目が特に重要である。急速に規模を拡大している経営には，多額な投資を必要とし，それにともなう負債が発生して，経営の財務状態が不安定になることが多い。負債の累積化は酪農生産基盤を大きく揺るがす危険要素である[7]。

表３－３には安全性指標のうち，自己資本比率，売上高負債比率を示している。経営の安全性を示す売上高負債比率は57％である。この比率が100％を超えることは売上高よりも負債額の方が大きく，固定化負債の危険性が高くなるといえる。診断農家の平均値は一応安全な経営財務状況を示しているが，100％を大幅に超える経営も存在しており，必ずしも安全性の高い経営ばかりではないといえる[8]。

[6] 酪農経営診断における分析項目および分析指標の解説は新井[1995]を，農業経営全般については，Donald et al.[1983]を参照した。

[7] 北海道農協中央会の負債農家の階層区分によれば，A層は利息や元金を両方支払可能の農家，B層は利息を支払えるが，元金の一部しか払えない農家，C層は利息の一部しか支払えない農家，D層は利息と元本双方が償還不可能で家計費も賄えない農家である。1993年までの約10年間における割合変化は比較的健全経営であるA層，B層の割合が5.9％減少し，固定化負債を抱えたC層，D層がその分だけ増えている。1988年から92年には大家畜経営体質強化資金，1993年からは大家畜経営活性化資金が，償還残の借り換え資金として融資され，固定化負債対策が講じられた。

[8] 自己資本比率は高ければ財務が安定している。濱本[1978]は，自己資本比率は経営活動や資金調達の結果を示すもので目的ではないとしつつ，自己資本比率と経営体質との関係を考察している。

第３節　主成分分析の結果と考察

（１）主成分分析のための変数選択

主成分分析を適用する利点は，経営診断の数多くの指標をそれぞれ個別に評価するのではなく，各指標の間にある強い関連軸を見出し，より少ない「総合的特性値（主成分）」に要約することによって，複雑な経営構造を類型化できるところにある[9]。もし少数の総合特性値によって生産者の経営状況を定量化することができれば，経営構造の特徴を把握し，収益力や安定力の体質を探ることができる。

主成分分析を適用するに当たって26個の変数を選択した。経営規模の指標からは飼料作面積，経産牛頭数，成牛換算頭数を，経営成果と収益性の分析指標からは農業粗収入，農業経営費，農業所得，生乳生産量，農業純利益，農業所得率，経産牛１頭当たり酪農所得を選択した。農業経営において，収益の概念は家族経営では家族労賃を含む農業所得（粗収益－経営費）が一般的に使用され，法人経営では，純利益（収益－費用）が使用されるが，ここでは収益を所得と利益の双方を含めて分析する。牛群・個体管理や飼料給与技術などの酪農生産技術は，個体乳量や乳飼比によって規定される。１人当たり労働時間は規模のみならず，飼養方式，搾乳方式などの技術体系と密接に関連する変数である。

生産コストの項目については，生乳100kg当たり副産物差引生産費と，

[9] 主成分分析を適用した論文として，松原[1972]，森島[1978]，黒河[1979]などがある。松原は農林省『牛乳生産費調査』の個票（東北農区，1964年～66年）から20個の変数を使用して，規模因子，収益性因子および集約度因子の３つの主成分で全変動の70％を説明することを明らかにした。この３つの因子を用いて，大規模粗放的・低収益性経営と小規模集約的・高収益性経営に類型化し，生乳生産の経営構造を分析した（ただし，経営の安全性に関する変数は含まれていない）。森島は産出・投入に関する指標をそれぞれ分離して主成分分析を行った。そこから投入と産出の影響度，生産効率を図ることで経営診断への適用を示唆している。

[10] 全算入生産費とは，副産物差引生産費に支払利子及び支払地代を加え，さらに実際には支払がともなわない自己資本利子及び自作地地代を擬制的に計算したものである。山本[1994]では，個別経営間の格差要因を費用サイドから計量的に分析している。

生乳100kg当たり全算入生産費[10]，そして土地利用型酪農を特徴づける自給飼料生産については，TDN1kg当たり飼料生産費を使用した。

経営の安全性に関わる指標は，貸借対照表に基づき算出される。特に安全性を規定するものが自己資本と他人資本の資本構成である。具体的な指標として固定資産に対する自己資本の割合（固定比率），固定資産，固定負債，流動資産，流動負債，自己資本，総資産に対する固定資産割合（固定資産比率），総資産に対する自己資本の割合である自己資本比率，売上高に対する負債の割合である売上高負債比率の9変数を選択した。

（2）主成分分析の結果

主成分分析には分散共分散行列によるものと，相関行列によるものとがあるが，この分析では各変数を基準化した後にバリマックス回転法を適用した[11]。表3－5に主成分分析の結果を，固有値が1以上の主成分について示している。寄与率は26個変数の全分散のうち，それぞれの主成分によって説明された割合を示す。第1主成分では全診断情報の約37％が説明されている。第2主成分は12.3％，第3主成分は9.4％で，第3主成分までの累積寄与率は約60％である。第4と第5主成分を含めると73％になる。主成分の因子負荷量は各主成分と各変数との相関係数であり，絶対値0.5以上であることが1つの目安となる。

1）第1主成分の特性

この主成分は寄与率36.6％を占める。各変数との関連性をみると農業粗収入，農業経営費，農業所得，生乳生産量，成牛換算頭数，当期農業純利益，固定資産，成牛換算頭数において，相関係数0.8以上の正の相

[11]主成分分析の統計学的な説明については，奥野他[1971]と柳井他[1977]を参照した。

関がみられた。これらの変数の多くは規模を表している。つまり，第１主成分は経営規模に関する指標であると解釈される。100kg当たり生産費及び全算入生産費が，負の相関関係（－0.64と－0.58）にあり，経営規模が大きくなるにつれて生産コストが低減する規模の経済性が確認できる。

２）第２主成分の特性

この主成分は寄与率12.3％の総合特性値である。各変数との相関をみると，農業所得率（0.77），自己資本比率（0.60），経産牛１頭当たり酪農所得（0.50）に正の相関がみられた。一方，長期借入金である固定負債（－0.75）と，売上高負債比率（－0.59）に負の相関がみられた。所得率や経産牛１頭当たりの酪農所得は高くなるほど収益性が高いこと示し，また自己資本比率が高く，固定負債と売上高負債比率が低くなるほど，この主成分は大きくなるから，この主成分は経営の収益性と安全性を示すものであると解釈できる。つまり，この主成分の得点が大きければ，収益性が高く，かつ安全な経営といえる。収益性と安全性という２つの指標がもたらす意味は，収益性が経営活動をフローでとらえた損益法の経営収支によるものであるが，安全性は資産のストックでとらえた財産法の資金収支によるもので，双方が車輪の両軸であることを意味する。

生産技術の変数である乳飼比とはマイナスの相関（－0.48）であった。乳飼比の高低は収益性のみならず安全性にまで影響している。自給飼料生産基盤の重要性については，多言を要しない。１人当たり労働時間との負の相関（－0.35）が意味するところは，省力化による労働生産性の向上が，必ずしも収益性，安全性の向上には結びついていないといえる。以上，この主成分の性質は生産技術にも関連性を示す収益性・安全性を意味するものと解釈できる。

表 3-5　主成分分析の結果

分析変数	第1主成分	第2主成分	総合特性値 第3主成分	第4主成分	第5主成分
飼料作面積	0.5649	-0.1596	-0.2963	-0.4863	0.1943
経産牛頭数	0.7882	-0.1956	-0.4137	-0.2014	0.0833
成牛換算頭数	0.8902	-0.2219	-0.2529	-0.167	0.0126
農業粗収入	0.9493	-0.171	0.0424	0.1102	-0.0804
農業経営費	0.8803	-0.374	-0.0231	0.1563	-0.0019
農業所得	0.9086	0.1849	0.1415	0.018	-0.1944
生乳生産量	0.9384	-0.2271	0.0719	0.1477	-0.0246
当期農業純利益	0.8822	0.2348	0.1497	-0.0275	-0.1361
農業所得率	0.3229	0.7711	0.2838	-0.1392	-0.1374
酪農粗収入/経産牛1頭	-0.2312	-0.0715	0.4918	0.5943	0.314
酪農所得/経産牛1頭	0.5545	0.505	0.5898	0.0658	-0.1127
経産牛1頭当たり乳量	0.5117	-0.1805	0.558	0.5526	0.0578
乳飼比	-0.0438	-0.4884	-0.0367	0.5992	-0.2314
1人当たり労働時間	-0.0015	-0.3565	-0.0436	0.1188	0.0159
生産費/100kg	-0.6494	-0.3101	-0.2619	0.2705	-0.3205
全算入生産費/100kg	-0.5893	-0.2276	-0.359	0.1926	-0.2769
1kg当たりTDN生産費	-0.0127	-0.1486	0.0202	0.247	-0.3066
固定比率	0.0753	-0.0468	0.0671	0.1554	0.3861
固定資産	0.807	-0.1633	-0.0797	0.047	0.2057
固定負債	0.4005	-0.7501	0.2588	-0.2265	0.0839
流動資産	0.7322	-0.03	-0.1449	0.0347	-0.5037
流動負債	-0.0387	0.1353	0.3776	-0.2757	-0.113
自己資本	0.7981	0.1473	-0.3014	0.2014	-0.0144
固定資産比率	0.0701	-0.0591	-0.0015	0.1069	0.8037
自己資本比率	0.2918	0.6025	-0.5593	0.4146	0.1995
売上高負債比率	-0.2227	-0.5955	0.5057	-0.4802	-0.0388
固有値	9.5227	3.1994	2.4564	2.2004	1.7212
寄与率%	36.6	12.3	9.4	8.5	6.6
累積寄与率%	36.6	48.9	58.3	66.8	73.4

注1）農業所得率=農業所得／農業粗収入,固定資産比率=固定資産／総資産
固定比率=自己資本／固定資産,自己資本比率=自己資本／総資産
売上高負債比率=負債／売上高,乳飼比=購入飼料費／乳代から算出される。
2）個体乳量とは経産牛1頭当たり乳量のこと。
3）生産費とは副産物差引生産費,全算入生産費は生産費に支払利子･支払地代･
自己資本利子･自作地地代を加えたものである。

3）その他の主成分の特性

第3，第4，第5の各主成分の寄与率は，それぞれ9.4％，8.5％，6.6％であるが，これらの主成分の特徴をみてみよう。

まず，第3主成分は経産牛1頭当たり酪農所得（0.59），個体乳量（0.55）と正の相関，自己資本比率（－0.55）と負の相関，売上高負債比率（0.51）とは正の相関がみられる。個体乳量は生産者の生産技術水準を端的に示すものとしてあげたが，個体乳量のみでは解釈できない乳価や飼料単価がもたらす価格与件の変動も関わっていると解釈できる。第4主成分は乳飼比（0.59），個体乳量（0.55）と正の相関，飼料作面積（－0.48）と負の相関がみられることから，購入飼料への依存度が高まりつつある飼料給与状況であるといえる。また生産技術は高く，負債比率も低い経営群の特性を示すものであると解釈される。最後に第5主成分は，固定資産比率（0.80）と正の高い相関，流動資産（－0.50）と負の相関をもつ。その他の変数との相関はほとんどみられず，経営の資産状況とその運営に関連した特性値であると解釈される。

（3）診断農家の類型化

以上，経営分析指標を変数とした主成分分析の結果，第1主成分は経営規模，第2主成分は収益性・安全性の総合的指標の性格をもっており，累積寄与率は両者で約50％を占める。

ここでは各診断農家の第1主成分と第2主成分の主成分得点を求めた上で，診断農家の類型化の作業を行う。経営規模を表す第1主成分をx軸に，経営の収益性・安全性を表す第2主成分をy軸にとることで，4つの象限に対応させて経営群を考察する。類型化された経営群の特徴を頭数規模，経産牛1頭当たり酪農所得，1人当たり労働時間，生乳1kg当たり生産費の平均値によって説明してみよう（表3－6参照）。

表 3-6　主成分分析による類型化の属性

類型		診断	備考				
			戸数	生産費／生乳1kg（円）	頭数	酪農所得／経産牛1頭（万円）	労働時間
Ⅰ型	経営規模　大きい 収益･安全性　高　い	望ましい経営	12	54	68	18	1,633
Ⅱ型	経営規模　小さい 収益･安全性　高　い	コストを低減させるために規模拡大を進めた方が良い経営	12	58	48	18	2,060
Ⅲ型	経営規模　小さい 収益･安全性　低　い	規模と経営効率の両者につき抜本的な経営改善すべき経営	12	67	56	10	2,149
Ⅳ型	経営規模　大きい 収益･安全性　低　い	もっとも経営収支の悪化しやすい経営で,特に経産牛1頭当たりの所得を向上させるべき経営	8	57	65	15	2,278

第１象限に属する農家（Ⅰ型）は経営規模が大きくかつ経営効率も高い。この類型の農家数は12戸あり，経産牛飼養頭数の平均（以下，経産牛）が68頭，経産牛１頭当たり酪農所得の平均（以下，所得）は18万円，１人当たり労働時間の平均（以下，労働）が1,633時間，生乳1kg当たり生産費の平均（以下，生産費）は54円である。このグループはスケールメリットを充分に発揮して，経営の財務状況も良好で労働時間が非常に短く，生産費がもっとも低い。

第２象限に属する農家（Ⅱ型）の戸数は12戸で，経産牛48頭，所得は18万円，労働は2,060時間，生産費は58円である。頭数規模は比較的小さいが，経営効率が高く，かつ比較的高い所得を実現している。第３象限の農家（Ⅲ型）は12戸で，経産牛56頭，所得は10万円，労働は2,149時間，生産費は67円である。このグループは相対的に小規模でかつ経営効率が低い。特に生産費がⅠ型と比較すると13円も高く，労働時間も規模の割には多すぎることから経営改善の余地がある農家群といえる。第４象限に属する農家（Ⅳ型）は８戸で，規模は第１象限の農家群とほぼ同じ65頭である。所得は15万円，生産費57円であるが，労働は2,278時間で，やや労働過重である。つまり，生産費57円の低い水準から，労働費以外の生産費は低いと考えられ，規模の経済性が発揮されている。しかし，この群は収益性と安全性に問題があり，低い収益性は規模拡大過程での乳牛の淘汰更新による償却費増加などで規模の割には収益が発揮されていない経営で，規模拡大投資の借入金依存により安全性に欠ける経営である。

以上，主成分分析により求められた「経営規模」と「収益性・安全性」の総合指標により北海道の診断農家44戸を類型化すると，主要な経営指標である経産牛1頭当たり酪農所得は「経営規模」に関係なく，「収益性・安全性」の高い農家において値が大きく，他方，生乳1kg当たり生産費は，「収益性・安全性」に関係なく「経営規模」が大きければ低下するというスケールメリットがみられた。

第4節　生産コスト低減の可能性

類型化された農家群の経営的特徴から，現時点での生産コスト低減の可能性について考察する。診断農家44戸の副産物差引生産費C(円／kg)と生産乳量Q（トン）における回帰分析を試みた。統計的にも有意な規模の経済性がみられ，規模が大きくなれば単位当たりの生産費（平均費用）は低くなる。とりわけ注目される点は規模の小さい経営層で生産費の分散が大きいことで,現時点でのコスト低減の余地が大きいことである。

$$C = -3.32Q + 7337 \qquad R^2 = 0.46$$

t値（3.25）

図3－1に基づき主成分分析の結果から経営診断への適用について考

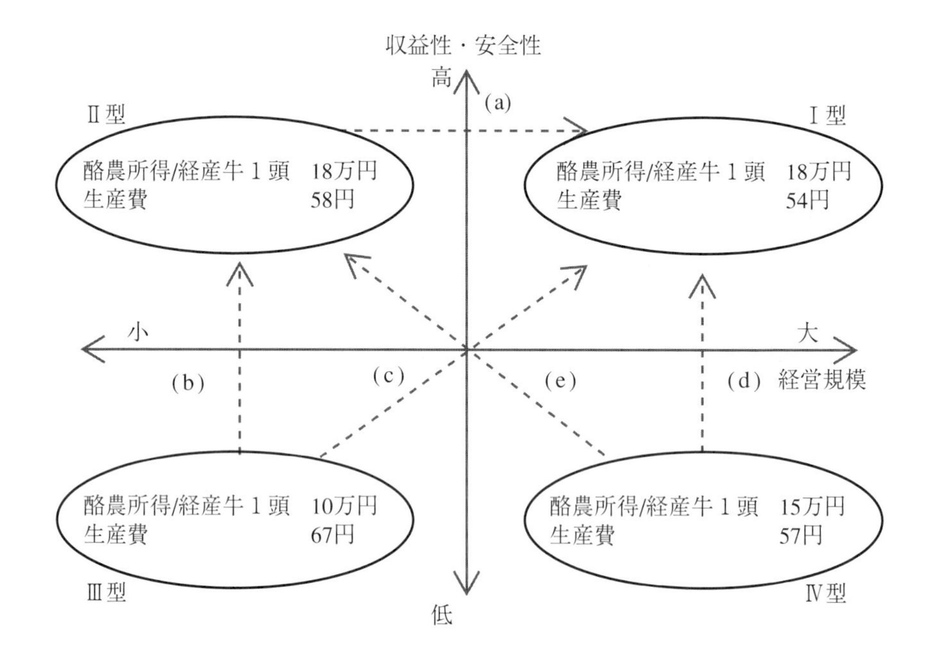

図 3-1　各類型の特徴とその改善方向

察する。表３－６でも述べたように規模と収益性・安全性の両者が大きいⅠ型は生産費も低く，最も優れている経営とみられる。他方，両指標において劣るⅢ型は生産費が最も高く，Ⅰ型と比べると13円も高く，改善が必要な経営である。Ⅱ型は生産費がⅠ型より約４円高くなっている。経営規模は大きいが，収益性・安全性が低いⅣ型の生産費は，収益性・安全性がより優れて相対的に小規模のⅡ型より１円ほど低く，基本的には規模の経済性が生産費の高低を決定づけていると推測される。

酪農経営での今後の望ましい経営を考えた場合，まず生産費が低いことが条件である。しかしそのためには，規模拡大とその過程でともなう生産者の経営管理が重要になる。図３－１にはその展開とシフト要因を類型別に示した。Ⅱ型は収益性・安全性は高いことから，さらなるコストを低減させるためには，規模拡大を進め，Ⅰ型に移行した方がよいと考えられる（図中のａ）。Ⅲ型は規模と収益性・安全性の両者につき抜本的に改善すべき経営であるが，低コストの実現としては，まず規模は一定のままに保ちながらⅡ型にみられるような収益性と安全性の向上を図ることである（図中のｂ）。また，可能であれば図中のｃのように高度な経営管理を実践しながら規模拡大を同時に図ることである。これには新たな生産技術を受け入れる以前とは全く異なる飼養形態に転じることになる。Ⅳ型は経営規模（頭数規模）が大きいが，収益性・安全性に問題が多い。これは大規模経営によくみられる事例であるが，大型の投資をした場合の一時的にみられる収益性の低下現象の可能性もある[12]。経営者が飼養技術を適合した後，経営が安定してくればⅣ型はⅠ型へ移行することになる（図中のｄ）。あるいは，規模を縮小して投資を控えることでより収益性・安全性を高める飼養形態へのシフトも考えられる（図中のｅ）。

第５節　むすび

北海道における酪農専業経営の個票データを用いて，規模拡大による経営評価のあり方を考察してきた。農業部門の中でも，酪農部門は規模拡大が著しく，生乳生産量の増加，スケールメリット，低コスト化を実現してきた。一方，大規模化の一面には負債に依存した経営体質が指摘できる。大規模化を評価する主な基準として，規模拡大による低コスト化や規模の経済性，さらには収益力向上といった収益性を評価基準とする傾向が強かった。しかし，財務面をみて負債に依存してきた経営発展

---

[12]具体的な大型新規投資については，国や都道府県の試験場を中心にフリーストール導入後の農家の経済面，家畜の繁殖や疾病面，ふん尿処理対策など多様な面から研究されている。主な研究資料として，農水省[1997]が参考になる。

を考えた場合，経営の財務状態や安全性を無視した評価方法は本質的な評価基準とはいい難い。

このようなことを視点に本章では，主成分分析より経営規模に関する指標と収益性と安全性の双方に関する指標から，規模拡大についての経営的評価を行った。ここでは収益性の他に，自己資本や負債のバランスに基づく安全性も視野に入れた経営評価方法の妥当性を明らかにした。さらに収益性と安全性の双方が良好な経営は，生乳や自給飼料に関わる生産を低コストで行っていることが見受けられた。つまり，収益性と財務の安定性の向上を同時に車輪の両軸のように実現することで，規模拡大による低コスト化や経営効率化が可能となる。

経営の発展プロセスを考えた時，この分析で導出された総合特性値（主成分）を考慮して，さらに動態的な視点で経営成果や発展について考える必要がある。これは次章で検討していく。

第4章　環境改善投資と家畜生産性上昇の経営財務
ー売上高負債比率を指標としてー

第1節　はじめに

本章では規模拡大における負債依存の実態から負債限界を根拠として，追加投資と資金調達が経営財務に与える影響について，線型計画法を用いて動態的な資金繰りの観点から明らかにすることを目的とする[1]。

モデルとする酪農経営は土地や飼養頭数を維持しつつ，乳牛資本の集約化により，個体乳量が向上し，生乳生産量や売上高の規模が増える内包的規模拡大を想定する。このような経営では大規模化に向けた施設投資や増頭はすべて実行済みで，次の戦略が問われることになる。そのときの投資はいままでの拡大戦略から省力化投資，環境適応投資，人材教育投資などの性格をもつ投資へと多様化していく。つまり酪農では，さらなる省力化や作業効率のための搾乳・哺乳ロボットの導入や，合理的な繁殖管理のためのホルモン調整・繁殖技術の導入があげられる。ここでは経営発展の追加投資として，環境対策のためのふん尿処理に関わる技術や施設の投資を考える。1999年に「家畜排せつ物の管理の適正化及び利用の促進に関する法律」が施行されたことで，生産者にとって環境対策をいかに講じるか重要な経営戦略となる[2]。この環境対策に関わ

[1] 天間[1990]は，専業農業経営の理論的負債限界値を推定し，固定化負債農家の発生メカニズムを検証している。固定化負債に陥らない負債限界はおおよそ年間粗収入の範囲内，つまり「売上高負債比率」が100％以下であるとしている。ここでは農業金融一般論からのアプローチとして，金融問題の主要因を「経営の外部要因」，「経営の内部要因」，さらには農協などの「金融管理要因」の3点を上げ，農家側からの負債限界額と農協側からの貸付限界額には大きな乖離があるとしている。また，酪農総合研究所[1986]では多くの成功的酪農家が有する企業者機能として，負債限界額を年間粗収入までとした経験的な計数管理を行っていることを現地調査から実証している。

[2] この法律の施行により，生産者は2004年10月までにふん尿の野積みや素堀りなどの不適切な管理を解消し，環境保全を考えた新たな処理体系を構築することになった。生産者にとって生産コストの上昇が余儀なくされる。

る投資は，生乳生産の増加がともなう拡大投資と異なるもので直接，生産に結びつかない。そのことからより投資の意思決定のタイミングや，財務状況の把握が課題となり，生産者にとっては乳価の低下という経済与件のもと，所得水準を得るには個体乳量の向上と同時に財務の意思決定能力が問われることになる。

以下では，酪農の負債問題の現状を明らかにした上で，線型計画法を適用する前提として，酪農経営を特徴づける搾乳作業，飼料生産，飼養管理に関わる生産段階から資金調達，償還，余剰金発生に関わる財務構造までの拡張されたモデルを構築する。つまり，モデル経営の投資，資金の調達・償還の動態・経済余剰の発生を「逐次線型計画法」を用いて分析することによって，負債限界値を検証する。

第２節　固定化負債の現状

（１）財務分析と経営管理

経済の低成長にともない乳価低下の傾向の中，新技術の積極的導入を前提とした規模拡大行動を続ける経営発展戦略には大きなリスクがともなうようになってきた。これまで大規模化によって労働費を中心に単位当たり固定費が低下するなどのスケールメリットが発揮され，生産物単位当たりのコストが低減した。しかしながら，さらにコスト低減や経営の安定化を実現するには高度な機械・施設を効率的に利用して，労働生産性を向上させる生産管理だけでは不可能である。特に投資の意思決定に関わる経営管理が重要となり，景気や経済成長の動向，投資の期待収益率の予測，支払利子，資金調達における他人資本と自己資本の比較考量，資金繰りや償還計画などの経営者の財務管理能力がとりわけ必要となっている[3]。

新井［1984］は畜産の経営管理を体系化して論じ，規模拡大による投下資本量の増加が負債の固定化をもたらす危険性について触れている。その解決策には安全性分析を主とする経営診断の必要性を述べ，かつ安全性と収益性とは車の両輪の関係にあることを示唆している。また近年では，実践的な経営管理手法を用いて，農業法人経営を対象に財務の安定性のアプローチからいくつかの経営診断・分析の試みがなされている。その１つとして，八巻［1993］は水田作の農業生産法人を対象に，安全性分析を試みている。安定性を確保したままで拡大投資を行いうる条件として，一定の自己資金（出資金）の蓄積と，自己資本比率の目安（20％以上）を保った資金管理の有効性を指摘している。

以上，経営管理の中でも財務や資金に関わる規範を検討する研究の重要性が高まっている。

（２）負債問題の深刻化

数次に至って策定された酪農近代化計画は酪農の自主的経営の設立を目指し，規模拡大を誘導するものであった。北海道酪農はこの基本計画にそって専業化と多頭数飼養の道を辿り，酪農主産地が形成されてきた。この発展過程は経済の高度成長期と重なっていたことから，目標の経営規模は常に現状を大きく上回るものであった。この過程で，“ゴールなき拡大”という語が生まれたほどである。この拡大再生産のメカニズムの中で，借入金償還の方法として，生乳生産量の増加により粗収益の増加が強調された。多頭化，機械化投資による自給飼料部門の生産性上昇，

[3] 自己資本と他人資本（負債）の調達における最適資本構成の決定については，伝統的理論（Weston-Brigham）とMM理論（Modigliani-Miller）がある。これらは完全資本市場のもとでの企業価値の評価を資本コストとの関連で分析したものである。前者は最適な資本構成はレバレッジ（自己資本と負債の比率）の変化により企業の市場価値の評価が決まるとする説である。一方，後者は価値と資本構成は独立であるとする説である。これら資本コストと資本構成とはリスク概念を用いたポートフォリオ理論として拡張されている（詳細は諸井[1995]）。

大型牛舎や搾乳施設の投資による飼養管理の合理化などが積極的に行われた結果，生産技術の高度化とともに多額の固定資本ストックが蓄積され，規模相応以上に固定資産など償却資産の所有が目立っている。

北海道酪農の発展は，国や地方自治体による農業関連補助事業によって誘発・促進されてきた経過がある。補助事業と金融支援をセットにした行政主導型農政が展開された結果，生産者側が負担する補助事業償還残額も高額となり，相対的に低利で長期償還可能な制度資金とともに多少条件が不利であっても借入れ手続きが容易な系統資金に依存した資金調達が一般的となっていた。

酪農における負債累積化問題の背景をみるとき，多くの生産者が省力化・合理化のために機械・施設への投資を先行し，収益を直接的に生み出す乳牛への投資順位を低くしているという「投資順序の誤り」も指摘されている[4]。さらには多頭化・大型化による生乳生産の増加を目指すあまり，高投入－高産出の集約的飼養管理に傾斜し，飼料効率の低下，乳飼比の上昇，高コスト化，所得率の低下，経済余剰の減少，償還の延滞，そして負債累積の固定化を招く悪循環が酪農主産地でみられるようになった。

須藤［1999］は酪農経営の固定化負債の発生パターンを２つに分けて考察している。１つは規模拡大の先行投資を行ったにもかかわらず，生産実績が伸び悩み，約定償還が不可能となり，短期負債が発生し，次第に累積固定化するパターンであり，いま１つは投資以外の要因により資金繰りが追いつかず，短期資金の借入れが続き，それが累積し結局，プロパー資金などが固定化するパターンである。

表４－１は北海道農業協同組合中央会が行っている農家の経済階層別分類による結果の推移である。これによって酪農経営における負債圧の

[4] 耕種農業の場合は土地が直接的な収益の源泉と考えられるが，酪農の場合，土地は飼料生産の間接的要素である。

経緯状況を知ることができる。1984年，93年，97年の時点をとり，4つに分けた農家経済階層の区分割合をみる。A層は1984年54.6％から1997年には36.8％に17.8ポイント低下している。B層は1984年28.5％から1997年は46.8％に18.3ポイント上昇している。A層が減った分，B層が増えたと解釈できるが，注目する点は固定化負債農家とみなされる不健全経営D層の割合が増えていることである。1984年5.7％から1997年9.5％に上昇している。このことから酪農の固定化負債問題は未だ解決されてはおらず，更に今後も，固定化負債農家が増え続けることが懸念される。この原因の第1は酪農経営における収益性の低下であり，第2は酪農経営者自身の財務管理能力の未熟さで，自己の経営財務内容の意味を充分に把握していないことが考えられる。

負債問題が深刻化する中，救済措置として1981年度から負債整理事業（酪農経営負債整理資金特別融通事業）が登場した。この事業は農経営安定資金と自作農維持資金（経営再建整備）と負債整理資金の3つで構成されている[5]。

表4－2は中央酪農会議調査による酪農離脱農家に対する離脱理由である。「離脱理由」として，北海道では「高齢化・後継者がいない」が49.5％ともっとも高く，次いで「負債問題」が27.4％である。これに

表 4-1　北海道酪農における負債状況による経済階層区分別農家の割合

（単位：％）

年度	A層	B層	C層	D層
1984	54.6	28.5	11.2	5.7
1993	51.0	32.7	8.7	7.7
1997	36.8	46.8	6.8	9.5

資料）北海道農業協同組合中央会『農家経済階層別調査』。
注）A層,B層,C層,D層の階層については第3章に詳しい。

[5] 全国段階では「畜産特別資金」が措置されている。これは酪農や肉用牛経営に関わる約定償還金のうち，償還が困難なものを借換える（ローリング方式）「経営活性化資金」と，後継者が経営継承するとき，必要な限度において借入金残高を借換える（一括借換方式）「後継者経営継承円滑化資金」の2つの資金からなる（農林水産省資料）。

表 4-2　酪農経営の中止理由

（単位：%）

理　由	全国	北海道	都府県
高齢化・後継者がいない	60.2	49.5	62.0
病気・ケガ・自然災害等	25.7	25.5	25.7
他によい仕事があった	15.6	13.2	16.0
ふん尿等の環境問題	15.4	2.8	17.5
周辺酪農家の減少	14.9	5.2	16.5
負債問題	9.4	27.4	6.3
地域開発・リゾートのため	2.5	0.5	2.9
その他	10.3	13.2	9.8
無回答	3.5	0.5	4.0

資料）中央酪農会議『酪農全国基礎調査』(1998年)。

対して，都府県では後継者問題が62％と北海道と同様にもっとも高いが，負債問題は6.3％と低い。このことから負債問題は多頭化，規模拡大，大型投資が進展している北海道にみられる地域固有の経営問題の色彩が強い。

第3節　モデル経営の生産技術と財務

（1）分析にあたって

規模拡大をはたしてきた酪農生産者は，最新で高度な飼養管理技術に適応しながら，常に高収益性，低コスト生産，環境改善などの経営目標を設定し，その達成に向けて自動化や機械化を図ってきた。したがって，酪農の場合は他部門以上に新技術の習得，投資の回収，資金償還など経営財務面に関わるリスク負担を考えなければならない。

負債問題は，規模拡大過程で大型機械・施設の投資を行いつつ大規模な経営体を築いてきた経営に内存する。このような実態をふまえて，本章で扱う酪農経営モデルの基本的なフレームについて整理する。

（２）モデルの前提条件

モデル経営の前提条件として，飼養形態はフリーストール牛舎，搾乳形態はミルキングパーラを導入していて，飼料作面積は70ha，飼養総頭数は100頭以上の経営を想定する。経営主は経営改善を目指した戦略的な投資効果を望んで，新たな追加投資の意思決定の段階にある[6]。ただここであげた追加投資とは，多頭化やそのために関わる牛舎など付帯設備の投資でなく，経営改善や環境適応に関わる性格の投資である。投資額は1,000万円を目安として検討する。具体的には環境対策でふん尿処理施設に関わる投資，哺乳作業の自動化技術である哺乳ロボットの導入を想定する[7]。これらの追加投資を行った時点を初期時点としてシミュレーション分析を試み，「売上高負債比率」による財務状態から類型化する。そこから得られる情報によって新たな追加投資と経営財務の関連性を解析する。ただし，負債額は「売上高負債比率」を変化させ，これをいくつかの類型ケースごとに初期値から得られた粗生産額（売上高）に乗じて計算する。

分析方法の逐次線型計画法（Recursive Linear Programming）は，投資による資金循環の動態的な流れを把握でき，ある時点で経営条件を変化させると，一定期間でどのような影響を与えるかを予測でき，経営主の意思決定に有用な情報を与えることができる。モデル経営の生産状況や経営財務を実態に合わせつつ，ある程度許容できるまで抽象化してモデル構造自体を簡略化・単純化させた。単体表には投資，資金調達，償還など資金循環の動態プロセスを組み入れた[8]。

---

[6] 堀尾[1980]は資金需要と投資について，投資局面をパターン化している。そのパターンは取替投資，拡張投資，製品改善投資，戦略的投資が考えられて，投資効果として，原価節減，利益増進，安定性増進をあげている。
[7] ここでは内包的規模拡大経営を想定している。これら投資は生産力向上に直接関わらないとする。

（3）生産技術体系の条件設定

モデル経営で経営状況を表す利益係数，生産技術を表す技術係数，その他制約資源量の前提条件を表4－3に示した。モデルの基礎的係数は，草地依存型経営が展開されている北海道天北地域に存在する酪農経営の事例から得た。経産牛や育成牛や飼料生産などに関わる比例費用，経営財務構造の条件について，既存の統計データと酪農総合研究所の経営診断事業（以下，「診断事業」）で得られた診断経営の情報を使用した。特に育成牛から経産牛までの飼料給与量や飼養特性を含めた乳牛飼養プロセスと家計費，資金調達から償還のうごきなど資金循環に関わる経営・生産情報は経営診断事業で得た独自のデータである。

（4）経営財務構造の定式化

1）目的関数とプロセス

目的関数は酪農生産プロセスから生じた純収益（可処分所得）から家計費を控除して計算される農家経済余剰の最大化である。シミュレーショ

---

[8] 線型計画法の詳細は，久保[1979a]とJack et al. [1980]を参照した。モデル設定において，引用した資料は以下の通りである。「酪総研診断結果」,『北海道の畜産経営』(北海道酪農畜産協会),『北海道の酪農・畜産データブック』(北海道農政部酪農畜産課監修),『酪農経営改善指導指標』(中央畜産会),『日本飼養標準・乳牛』(中央畜産会),『畜産物生産費調査』,『農村物価統計』(農林水産省統計情報部),『北海道農林水産統計年報』(農林水産省北海道統計情報事務所)。

逐次線型計画法による動態変数は以下のように定式化される。

$$D_i(t)=\sum p_{ij}\cdot x_{ij}(t-1)+\alpha_i D_i(t-1)+e_i(t)$$

$D_i(t)$：t期の第i番目の動態変数, p_{ij}：第j番目i種類の稼働水準x_{ij}を採択した時の第i番目の動態変数に作用する変換係数, $x_{ij}(t-1)$：$(t-1)$期に採択された第j番目i種類の稼働水準, α_i：$(t-1)$期の第i番目の動態変数からt期の資源量を規定する繰越変数, $e_i(t)$：外生的に動態変数に影響を与える外生変数。

逐次線型計画法の畜産部門への適用では，松原[1974]と原田[1990]が規模拡大の成長プロセスと財務構造との関係を扱い，佐々木[1986]は施設投資による経済性と合理的な投資水準を推計している。横溝[1988]は乳おす牛肥育農家を対象にいくつかの収益条件を設定し，財務状態の動態的予測を試みて，負債償還の可能性を検討している。その他，畑作部門では，天野[2000]と佐々木[1994]が詳しく，投資の限界額は農家の長期負債額に関わっていることを論じている。

表 4-3　シミュレーションの前提条件

項　目	条　件		備　考
①経営形態	酪農専業経営（フリーストール飼養形態）		草地依存型,経産牛80頭
②土地面積	70ha		採草地
③粗飼料生産	生産割合は,グラスサイレージ:乾草=8:2		2番草まで利用
④労働力	2.5人		能力換算,雇用労働なし
⑤労働制約	4月下旬～5月下旬	800時間	1日8時間
	6月上旬～7月中旬	960時間	月2回の休日確保
	7月下旬～9月下旬	1,400時間	
⑥飼料給与量	経産牛	4,850kg（1頭当たり）	
（TDNベース）	育成牛	560kg（　〃　）	
⑦飼料生産量	グラスサイレージ	3,500kg（ha当たり）	
（TDNベース）	乾草	3,300kg（　〃　）	
⑧濃厚飼料	乳飼比	30%	濃厚飼料の給与制限
	価格	47円（1kg当たり）	
	TDN含有率	75%	
⑨経産牛飼養	乳代	75円（生乳1kg当たり）	
	生産乳量	8,000kg（1頭当たり）	乳脂肪分3.5%換算乳量
	飼養管理経費	236千円（1頭当たり）	比例費用
	分娩間隔	14.5か月	
	平均産次	2.9産	
	初産分娩月齢	26.0か月	
⑩育成飼養	育成牛飼養原価	53千円（1頭当たり）	比例費用
	自家飼育のみで預託なし		
⑪飼料生産経費	グラスサイレージ	119千円（ha当たり）	
	乾草	73千円（　〃　）	
⑫乳牛･育成牛の動態	出生時事故率	5%	雌雄率50%
	事故淘汰率	12%	子牛から育成牛まで
	淘汰･更新率	31%	
⑬乳牛･育成牛の販売価格	初生牡	15千円	ホル
	育成牛	225千円	未経産牛,ホル系･ホル種系初妊牛価格の平均
	成牛･廃用牛	125千円	

ンの仮定として家計費は年率３％の割合で上昇するものとした。プロセスには新たな追加投資と，その資金の調達・償還・残高，意思決定の時点以前から有している負債の償還額（予定）と残高，さらには支払利子や経済余剰を設定した。長期借入金の資金調達に関して，各種制度資金の条件は多様であるが利子水準は大きなちがいはないと考え，ここでは金利水準を３％台に固定した。追加投資による資金調達は金利３％，据

置期間が３年間，10年元利均等償還とし，既存の長期借入金については金利3.5％，２０年元利均等償還の条件設定し，モデルの初期設定までに数年間の償還が行われているとした。固定費は建物・機械の減価償却費からなり，診断事業からのモデル経営の諸条件を素材に，それら資産の所有動態を参考にしながら減価償却費を試算した。ただし，乳牛の減価償却費に関しては，経産牛の処分・評価損益や育成牛の成牛繰越額が関わることから,モデルには組み入れなかった。単体表を表４－４に示したが，このモデルは乳牛の頭数の増加に関わる投資でなく，生乳生産に直接関わらない機械・施設投資と，そのための資金調達・償還のうごきを明らかにするモデルである。

２）制約条件と動態変数

追加投資による調達資金の借入限度額は投資額の80％とした（資金調達額は800万円)。経営収支は以下の関係に基づいて設定した。

酪農収入＝酪農経営費（比例費用＋固定費）＋家計費＋経済余剰

この設定では収入と支出のバランスをモデルに組み込んでいる。また償還については，追加した資金の償還と既存の長期借入金の償還はすべて農家経済余剰からまかなうこととした[9]。

動態変数の条件設定は表４－５に示している。感度分析を行うに当たって，技術係数と利益係数を逐次的に変化要因させた。技術係数の変化要因は個体乳量の向上である。牛群検定成績から個体乳量の向上に寄与するものは，遺伝的能力の改良と飼養管理の改善の２つである（磯貝

[9] 久保[1979b]は，経営設計を行う上で重要となる投資計画と各種資金を利用した場合の償還計画について試算している。この中で投資限度額が必要投資額より小さければ，その補填額として，労働報酬額から家計費を差し引いた余剰から充当することの必要性を示唆している。

表 4-4　資金調達と償還のうごきを示した単体表

制約番号	制約名＼プロセス	制約量	関係	グラスサイレージ	乾草	配合飼料	経産牛	育成牛	牛乳販売	成牛販売	雄子牛販売	育成牛販売	固定費	追加投資	家計費	租税公課	資金調達	資金残高	資金償還	長期残高	長期償還	支払利子	経済余剰	酪農所得
	番号			1	2	3	4	5	6	7	8	9	10	11	12	13	14	15	16	17	18	19	20	21
	利益係数			-119	-73	-47	-236	-53	75	86	15	110	-1	0	-1	-1	0	0	0	0	0	0	0	0
1	土地	70	≧	1	1																			
2	粗飼料生産制限	0	≧	-0.2	0.8																			
3	労働4月下~5月下	800	≧	0.8	0.8		5.75	1.2																
4	労働6月上~7月中	960	≧	7.9	7.2		4.1	0.89																
5	労働7月下~9月下	1,400	≧	5.99	5.2		10.8	2.1																
6	総飼料TDNバランス	0	≧	-3.5	-3.3	-0.75	4.85	0.56																
7	濃厚飼料給与制限	0	≧			1	-2.7																	
8	経産牛更新	0	=				0.31			-1														
9	更新廃用バランス	0	=					-1		1														
10	雄子牛	0	≧				-0.47				1													
11	雌子牛	0	≧				-0.39	1				1												
12	乳量設定	0	=				8.5		-1															
13	固定費	D_1	=										1											
14	家計費	D_2	=												1									
15	租税公課	D_3	=													1								
16	追加投資	10,000	=											1										
17	資金調達バランス	0												0.8			-1							
18	当期資金償還	0	≧														0.1		-1					
19	資金残高	8,000	=															1						
20	長期借入金償還	0	≧																	0.05	-1			
21	長期借入金残高	D_4	≧																	1				
22	償還財務制約	D_5	≧																1		1			
23	支払利子	0	=															0.03		0.035		-1		
24	農業所得	0	=	119	73	47	236	53	-75	-86	-15	-110	1											1
25	経常収支バランス	0	=	119	73	47	236	53	-75	-86	-15	-110	1	1	1								1	

注1)＝で囲まれた部分は生産段階。
2)Dは動態変数。
3)単位は金額が千円,量がトン,面積がha。

表 4-5　各種条件の時系列変化

変換項目	関係式	備考
①制約量		
土地･労働	$D_1(t)=1.0D_1(t-1)$	
固定費 (減価償却費)	$D_2(t)=\delta_1 D_2(t-1)$	建物は初期値240万円で全期一定とし,機械は336万円で変動する。
家計費	$D_3(t)=\delta_2 D_3(t-1)$	年率3.0%の増加,初期値700万円
租税公課	$D_4(t)=0.09X_{11}(t-1)$	X_{11}:酪農所得,初期値85万円
資金償還	$D_5(t)=P(t)\cdot X_{21}(t-1)/n$	据置条件あり,3年据置,n:10年元利均等償還,X_{21}:資金調達
資金残高	$D_6(t)=X_{31}(t-1)-X_{32}(t-1)+1.0D_6(t-1)$	X_{31}:資金調達,X_{32}:資金償還
長期借入金残高	$D_7(t)=-X_{41}(t-1)+1.0D_7(t-1)$	X_{41}:長期借入金償還
支払利子	$D_8(t)=0.03X_{51}(t-1)+0.035X_{52}(t-1)$	X_{51}:資金残高,X_{52}:借入金残高
②技術係数		
個体乳量水準	$B(t)=\beta B(t-1)$	年率1.0%の増加,初期値8.0トン
③利益係数		
乳価	$C(t)=\gamma C(t-1)$	年率0.7%の減少,初期値75円

注1)原田[1990]を参考に整理した。
2)資金償還については,$t\leqq 3, t\geqq 10$の時,$P(t)=0$で,$3<t<10$の時,$P(t)=1/n$となる。
3)租税公課は酪農所得の高低によって規定されるものとし,ここでは統計データに基づき一定比率9%を乗じた。

[1998])。前者は家畜改良センターの乳用牛評価報告から遺伝的能力(BV)の指標で表され，生産者にとっては外的与件である[10]。一方，後者は配合飼料や粗飼料のバランスや牛群管理による飼料給与などの生産者の内的な改善によってその効果が発揮されるものである。ここでは乳牛検定成績のデータをもとに個体乳量が1980年5,151kgから，2002年7,558kgに向上した実態を参考にした。この23年間で個体乳量は年率1.7%の伸びを示していることから，ここでは1%として伸び率をモデルにあてはめた。利益係数に関しては，その変化要因を乳価の低下を想定した。これらの年次変化率は過去10年間のトレンドをあてはめて計算した結果である。

[10]わが国も含め酪農先進国では牛群検定以外に，種雄牛や娘牛にまで対象範囲を広げ，より信頼性や精度を高くすることを目指した後代検定やインターブル，さらには血統登録による個体識別システムの普及が進んでいる。

またモデルでは単純化のため，飼料棚卸額，売掛金・未払金，機械・施設の固定資産の売却収入，当座資産の引き出しなどは考慮しなかった。成牛の販売収入は資産の売却による収益であり，通常は簿価との差額を計上するが，ここでは資金繰りの視点で分析を進めるため売却代そのものを計上することにした。

以上，酪農経営の生産技術構造と経営財務構造の両面をみながら家計費，租税公課，経済余剰のプロセスを加えながら，農家経済の資金循環構造をみる。

第４節　追加投資と財務の動態

（１）投資と内部留保

本節では，新たな追加投資にともなう資金償還を考えた場合，自己資本として内部留保額がどれほど必要なのか前節のモデルを用いて試算する。酪農の投資対象は範囲が広く，それぞれの投資効果から優先順位を考察した投資のタイミングが重要になる。乳牛飼養を考えた場合，自家育成を行っている酪農生産者にとって，育成牛が成牛まで成長することで生乳生産が可能となり，経済的価値が生じて所得の源泉として評価されるには約２年の時間を要する。つまり，生まれてから成牛までの約２年のタイムラグを考慮した投資計画をたてなければならない。

追加投資前の財務状況と追加投資額との関係から必要な内部留保額を試算した結果を表４－６に示した。財務状態は「売上高負債比率」の水準を80，100，120，140％の４つに分けて財務状態を示す。追加投資額は1,000万円から2,500万円まで500万円単位で変化させている。また，借入金償還を当期経済余剰と前期の自己資本（内部留保額）から計画的にまかなうものと仮定して，次式の制約条件のもとで試算した。

表 4-6　追加投資水準と必要な内部留保累積額

（単位：万円）

売上高負債比率	追加投資水準			
	1,000	1,500	2,000	2,500
80%	103	143	183	223
	(303)	(443)	(583)	(723)
100%	157	197	237	277
	(357)	(497)	(637)	(777)
120%	211	251	291	331
	(411)	(551)	(691)	(831)
140%	265	306	346	386
	(465)	(606)	(746)	(886)

注1）据置期間がない場合を仮定。借入金は投資額の80%までとし,残りは自己資金で充当する。
2）（　）内は追加投資に充当された自己資金を入れた額。
3）LP計算には数理計画システム「micro-NAPS with WINE97(Ver3)」（東北農業試験場）を使用した。

t－1期の内部留保額　＋　t期の経済余剰　≧　t期の償還額

結果から，追加される投資と経営財務の関係について「売上高負債比率」をみることで確認できる。試算結果によれば，1,000万円の追加投資を行った場合，年償還金も含め前期まで必要とされる内部留保額が，売上高負債比率「140％」の場合には「80％」の2.6倍程必要になる。投資額1,500万円の場合は2倍で，2,000万円の場合は1.9倍，2,500万円の場合は1.7倍となる。

（2）資金循環の動態分析

表4－7には乳価の低下，個体乳量の向上，さらには家計費などを変動要因とした感度分析を行った結果，追加投資による据置期間を考慮し

た年次毎の経営財務への影響を示したものである。生乳生産量，酪農所得，経済余剰，借入金償還力（償還額）は安全性に基づく売上高負債比率の水準別に計算された結果である。特に借入金償還力は償還可能額，償還引当財源として，広義のキャッシュフローを意味し，最終的に現金の形で回収されるものであり，経営活動から生じた経済余剰と一定期間に留保される建物・機械の減価償却費から構成される。「売上高負債比率」から財務状態をみて，そこからいくつかのタイプを設定し，負債残高を考慮しながら要償還額[11]を決めた。

頭数規模は一定条件でも個体乳量が向上することから生乳生産量は，初期の646トンから，10年目には703トンに増加する生産プロセスである。経済余剰の算出は租税公課と家計費に依存する。年々３％の家計費の増加により経済余剰は減少傾向を示している。さらに借入金償還力は，経済余剰と減価償却費である固定費から求められるが，経済余剰の減少のために償還力は低下している。

表4-7　シミュレーションの分析結果

「売上負債比率」（初期時点）	項　目	初期投資後の経過年数					
		1年目	3年目	5年目	7年目	9年目	10年目
	生乳生産量(トン)	646	654	670	678	695	703
	酪農所得(千円)	9,531	8,782	9,707	9,919	10,618	10,839
	経済余剰(千円)	1,680	590	1,043	700	843	750
	借入金償還力(千円)	7,439	7,050	7,103	6,460	6,303	6,210
100%の場合	要償還額(千円)	5,039	5,039	6,159	6,159	6,159	6,159
	期末負債残高(千円)	53,700	47,302	38,664	30,026	21,388	17,069
110%の場合	要償還額(千円)	5,606	5,606	6,726	−	−	−
	期末負債残高(千円)	59,100	51,946	42,552			
120%の場合	要償還額(千円)	6,173	6,173	−	−	−	−
	期末負債残高(千円)	64,500	56,590				

注1）生産プロセスは全期で,飼養総頭数106頭,経産牛81頭,グラスサイレージ56ha,乾草14ha。
　2）据置期間は3年間,要償還額は支払利子を含む。
　3）－は借入金償還力が要償還額を下回り,経営が維持できなくなったことを示す。

[11]要償還額とは約定償還のことで，年間に最小限支払う義務のある償還額である。

各財務状態のタイプ別に逐次的な計算を試みる上で，経営の存続条件を考えた場合，

借入金償還力　≧　要償還額

であるから，借入金償還力が要償還額を下回ったときは，経済財務の破産状態（償還不可能）とみなし，計算はそれ以上実行されなくなるものとした。ただし，この条件は自己資本として前期までの内部留保を償還額として組み入れていないことから，あくまでも当期ベースで，借入金償還力と要償還額との関係をみたものであり，現実的には厳しい条件設定である。しかし，この厳しい条件は良好な資金繰りを保つ観点から負債残高により生ずる様々のリスクを考えれば，経営存続のための必要条件である。

計算結果から売上高負債比率「100％」のケースでは，全期において借入金償還力が要償還額を上回り，財務の安定性が確認できる。しかし，その比率が100％を超えたとき「110％」では6年目で要償還額が673万円，償還力が670万円，「120％」では4年目で要償還額が730万円，償還力670万円となり，ともに据置期間の終了時以降から，借入金償還力が要償還額を下回り，経営財務に危険状況をもたらす可能性が示された。売上高負債比率が100％以上の財務状況のもとでさらなる追加投資を行うことは負債の償還負担が大きくなり，一層の財務状態不安定をもたらすといえる。このような経営の対応は，年々増加するであろう家計費を節約してまで借入金の償還に充当せざるをえなくなる。一方，100％以下で財務が健全な場合の追加投資による経営財務への影響は，経済余剰の蓄積が実現し繰り上げ償還が可能となる。以上の分析考察から，追加投資の導入に際しては，現状の財務状態を「売上高負債比率」から把握しながら決定していくことが重要となる。

この分析では外生的価格変動を乳価のみに設定して，乳牛の個体販売価格や生産資材価格などは一定としており，強い制約が課せられている。同様に追加投資による労働の質的変化やその配分の変化までは考慮できなかった。この分析は乳牛資本の集約化による規模拡大プロセスにおける追加投資の意思決定のタイミングを考察したことに特徴がある。

第5節　むすび

本章では大型の施設投資にともなう高度な酪農生産技術を装備し，多頭数飼養を実践してきた大規模経営を対象とした。頭数規模を一定にして，個体乳量の向上のため，乳牛資本の集約化により経営規模を拡大するケースについて，環境適応や省力化の経営改善に関わり，生乳生産に直接結びつかない投資を行った場合，その意思決定と経営財務との関連性を逐次線型計画法により，動態的に明らかにした。財務の安定性指標の「売上高負債比率」による経営財務の健全さの程度により，乳価低迷という経済条件下でさらなる追加投資を行った場合，負債依存度が高まるほど，償還負担や債務超過の危険性が生じて，最悪の場合は破産することが検証された。

本章の分析結果から，財務状態が売上高負債比率でみて100％を超える場合，さらなる追加投資によって，その後の財務状態は償還能力が要償還額にまで至らず，債務超過や負債の固定化に陥りやすくなることが明らかになった。事実，大型投資や規模拡大を指向する酪農生産者の中には，資金調達から償還までをふまえた財務状況や資金のうごきをみるといった財務管理の不徹底さから投資のタイミングや優先順序づけを誤ることで，経営財務の不安定性に陥るケースが散見される。これは多頭飼養のもとで高泌乳を達成する乳牛飼養管理や高度な生産技術への適応力以上に，財務管理の必要性が深く関わっている。また，この指標が

100％以下であることが追加投資による財務状態を把握する１つの判断基準であり，追加投資の妥当性の判断に有効である。

なお，本章で分析したモデルの「追加投資」は生乳生産に直結しない類のものである。その代表としてふん尿処理の環境対策の投資を想定しているが，生産者にとっては「家畜排せつ物処理法」の施行にともない，その完備が切実な問題となっている。財務が不安定な経営に対しては，畜産環境リース事業や特別な保護措置を講ずることが政策的に必要になる。生産者や経営支援・指導機関にとって，大規模化が進む中で現状の財務状態を常に把握する財務管理能力が不可欠である。経営発展における投資順序や財務状態の考察については，次章でさらに検討する。

第５章　規模拡大投資の経営財務
ーキャッシュフローを指標としてー

第１節　はじめに

農産物貿易の国際化をはじめとする酪農情勢を取り巻く急激な環境変化により，酪農生産現場では経営や飼養技術の形態が多様化している。たとえばスケールメリットを追求するフリーストールやミルキングパーラ（以下，ＦＳ，ＭＰと称する）を備えた大規模経営体，土地に立脚した集約放牧経営，さらには搾乳作業や飼料給与の自動化を備えた資本集約型経営など様々である。特に大規模省力化技術体系のもとで年間乳量規模が1,000トンを超える経営体の進展は注目に値する。この規模層の拡大プロセスをみると伝統的家族経営の枠組みを超えた企業的経営の変貌を意味する[1]。ここで企業的経営の性格とは，労働や土地や資本など生産要素を外部から導入することで安定した経営体を維持していることである。とりわけ高額な投資をともないながら，着実に資本形成を行うために，経営者は生産要素を効率的に活用する経営者能力が要求される。

規模拡大の条件として，牛乳・乳製品需要の増加，乳価の安定，借入金の長期低利があげられる。拡大投資や追加投資に付随する酪農の生産技術の導入には，財政資金を利用することで徐々に資本が形成されてきた。しかし経営管理の欠如が酪農の経営問題の１つである深刻な負債問題に結びついている現状がある[2]。

また，財務管理の不徹底の背景には農協の信用事業が関わってくる。酪農生産者は運転資金を農協の信用事業に大きく依存し，飼料代など生

---

[1] 新山[1997]の企業形態論で考察している企業的経営とは，人的や資本の結合関係からみたとき，伝統的経営から企業経営に至る経営展開の過渡的段階であるとしている。

産資材に対する支払いが主な使途である。農協は負債が雪だるま式に累積化し，資金繰りが困難に陥った生産者に対しても，短期のプロパー資金を貸し付けてきた。これらの資金は営農貸越勘定や組合員勘定と称される金融システムで管理され，農協と生産者間の信用取引としての性格をもつ。資金繰りが困難となった生産者は農協からの資金調達によって，資金繰りの困難を容易に先延ばしすることができた。このように，農協間との信用取引が充実していたことで，生産者は財務管理を重視する必要がなかったともいえる[3]。このこともあって生産者の経営目標や指導機関が中心とする指導の目安は，収益性（所得率や利益率）が中心で，経営財務の安定度や資金繰りの良否を主眼とする安全性が軽視されてきたといえる。生産者は農協との安定的な販売取引により，売上債権や売掛金という現金回収のリスクを考える必要がなく，一方では，生産者にとっては仕入債務や買掛金の発生による農協からの支払延期が資金繰りや支払圧から逃れることとなり，温存されてきたと考えられる。

一般的に，農業経営においては，“勘定合って銭足らず”という状態はほとんどない。これは農協による金融・信用システムのもとで，生産者は現金回収の信用リスクを考える必要がないからである。しかし，近年にみられる規模拡大や多角化を志向し，実践している企業的経営の中には，販売売上や原材料や資材の仕入れを手形や掛けによる信用取引にて行う経営，あえて価格形成が不安定で価格リスクを受け入れアウトサイ

---

[2] 新井[1989]は，財務の安定性を示す経済指標の自己資本比率と収益性を示す所得率との間には相互に影響し合う関係であると指摘している。つまり，新規・追加投資にともないもたらされる外部資金の導入が，負債の累積化といった財務構造のアンバランスにつながり，償却費や支払利息がコストアップに結びつき，結果として収益性の悪化を招くとしている。家常[1993]は，北海道の農業発展の特徴は，規模拡大において資本集約的技術を導入していった成長過程であり，多額の借入金に依存してきたことを述べている。これには1956年の「北海道農業負債整理促進条例」の公布により「北海道負債整理資金」の発動など多くの負債対策が講じられてきたことが背景にあったとしている。

[3] 黒河[1991b]では，経営管理の視点から営農展開する上での「組勘」の意義と問題点を整理している。「組勘」による各種資金の償還の自動化について，このシステムへの完全な依存が経営者にとっての資金繰り機能を削いでいることを指摘している。

ダーに転じる経営，直接海外に飼料の調達を求める経営，市中銀行から多額の資金を借り入れる経営が生じて，取引形態も多様化している。このような経営展開の中で信用・財務リスクを受け入れ，安定的かつ調和した経営体を目指すべく高度な経営管理を行っている経営者もみられる。

本章では規模拡大や多角化を通じ，発展を遂げている２つの超大型酪農経営の数年にわたる財務諸表を用いて，キャッシュフロー計算書を作成し，拡大過程における財務構造の特質を考察する[4]。つまり経営活動を大きく生産面，投資面，財務面に分けて，それぞれの活動を通じて得られた現金・預金（キャッシュ）の増減メカニズムとしてとらえ，規模拡大過程でどのような資金循環のプロセスが特徴づけられるのか検討することを目的とする。

以下，２節では超大規模酪農経営の特徴について述べる。３節ではキャッシュフロー分析の方法を説明する。４節では分析対象経営でとりあげるサンエイ牧場（以下，Ｓ経営）とＪＥＴファーム（以下，Ｊ経営）の規模拡大と経営の形成過程を概観し，両経営のキャッシュフロー分析結果を考察する。５節ではさらに両経営のキャッシュ発生を資金循環から考察し，６節はむすびとする。

第２節　　酪農の超大規模経営の特徴

酪農における生産構造の大規模化が急ピッチで進んでいる。メガファームと称される超大規模酪農経営が全国的に創設されているが，地域経済や酪農産業の発展への活路を見出す可能性として注目されている[5]。超

[4] 対象の事例経営は土地利用型で自給飼料生産を基盤にもつ北海道のサンエイ牧場と，すべて購入飼料に依存している栃木県のＪＥＴファームである。財務データの分析期間はサンエイ牧場では1995年から2001年までを，ＪＥＴファームは1994年から2001年までのデータを用いる。ちなみに2001年の生乳生産量からみて，ＪＥＴファームはわが国１位の規模，サンエイ牧場は北海道２位の規模を誇る実績をもつ。

大規模酪農経営に関する定義は様々で，現在のところ統一的な基準はない[6]。アメリカの超大規模経営（500頭以上）は，2002年で全農場の3.1％を占め，生乳生産の割合は41.9％に達している。小規模層の離農が多発する中で，わが国の酪農部門の自給率を維持するためにも，超大規模経営による生乳生産力の向上が期待されている。

超大規模酪農経営の特徴は，飼養・搾乳技術，経営管理，法人化による事業展開の3つに集約される。まず第1の飼養・搾乳技術について，大規模化への技術的背景には高度な飼養管理の実践があげられる。多くの大規模経営においてＦＳ・ＭＰの飼養形態や群分けによる牛群管理，繁殖管理や飼料給与のためのコンピュータ活用など先進技術を取り入れている。1日3回搾乳を実施し，パーラの稼働率（操業度）を高め，生産コストを引き下げている[7]。

第2の経営管理に関して，大型経営では高いレベルの経営者能力が要求される。大規模化を図る上で，雇用労働力の導入が不可欠になる。そのために従業員に対する動機付けを企てる労務管理[8]，堆肥など副産物の販売管理，より良質で安価な生産資材の供給先を検索する情報管理，さらに資金繰りの徹底や経営の計数化による財務管理が重要となる。財務管理の基本は，収支勘定のフローと資産勘定のストックの動態を把握することであるが，そのうごきに加えて，資金の流れとして調達と償還の資金循環構造をとらえる必要がある。経営の大規模化や多角化にともなって，資金調達先の多様化が必要になる[9]。企業的な活動によって対

---

[5] 天間[1968]は大規模経営の優位性として，規模拡大による収益向上効果，労働効率の増大，単位生産物当たり固定費の逓減，有利な販売・購買上の地位，高い担保能力をあげている。近年にみられる大規模経営もこれらの優位性をもつと考えられる。

[6] 酪農総合研究所では年間の生乳生産量が3,000トン以上，ホクレンでは1,000トン以上を超大型酪農経営として定義している（清家他[2002]）。久保[2000]によれば，米国ではおおよそ経産牛500頭以上，わが国では200頭以上としている。

[7] 畠山他[2003]では，超大規模酪農経営の技術導入とその適用力についての実態を論じている。

[8] 畠山他[1998]では，酪農の法人経営が発展していく中で，労働力の調達と生産力向上の関わりを論じている。

外信用力を備えることで，農協以外の市中銀行からの資金調達も可能となることで資金供給先の選択肢が広がる。資金調達先の多様性を考えたとき，拡大過程における資金循環の構造を把握することが，投資の意思決定を行う上で重要となる。

第3の法人化による事業展開については，大規模層ほど法人化するケースが目立っている。規模拡大過程において，経営の法人化は軌を一にする展開であると解釈される。大規模経営の法人化の背景には，制度資金の融資枠の拡大と，定率課税の適用により資本回収期間を一般企業並みに短縮し，新しい技術導入に備える効果があるといった制度的なメリットがあげられる。その他の理由として，企業会計による透明性，コスト概念の徹底，家計と経営との分離会計などの経営管理能力の向上に結びつくことがあげられる（新井他[1997]）。さらに法人化により企業間の商取引が容易になるため，事業の多角化のメリットが生じる。実際，法人化している超大型酪農経営の事例では，搾乳部門を基盤にして肉牛部門，育成部門，堆肥部門や機械作業部門などを設けて，組織内の各部門結合の強化を図ることで，シナジー効果や範囲の経済を発揮している。

第3節　キャッシュフロー分析

（1）農業財務の既存研究

農業経営における財務管理と財務分析をテーマにした研究成果をレビューする。八木[2003a]では財務分析を通じて，農業における財務の特質を論じている。その中で考察された1つとして，農業生産法人の財務構

[9] 坂内[2000]は，大規模経営の資金利用の実態を整理している。酪農経営は複数の長期資金を利用している。特に農協転貸による公庫資金の利用が多く，その使途は規模拡大に向けられていることを実態に側して考察している。このように発展段階における資金調達には農協が担っている。

造は事業主からの自己金融によって資金コストの低減が図られているが，主に制度金融への依存から成立っていることをあげている。常秋[2000]では農業生産法人を対象に会計処理の上で必要な課題として，資金繰りに着目した財務管理能力の向上をあげている。特に，一定期間の現金・預貯金の源泉や使途を予測することで支払能力を維持しながら，常に資金繰りの状態を把握する財務管理の必要性をあげている。土田［1997]では水田作の法人経営を対象に財務分析を試みることで，望ましい資金調達のあり方や投資の意思決定の方法を検討している。農地購入や機械施設の投資にあたり，粗収益やコストの変化が借入金の償還や残高にどのような影響をもたらすのか，シミュレーション分析を援用しながら推測している。梅本[1997] では大規模水田作経営を対象に，農地購入の際に生じる資金循環と財務管理の特徴を明らかにしている。ここでは資金調達における借入金額の決定要因を探っているが，農家は粗収益や固定資産に関わる規模指標を目安に決定していることを明らかにしている。

酪農を対象にした研究では，横溝他[1993]が財務諸表を利用しながら酪農経営の規模拡大のメカニズムを考察している。規模拡大モデルとして資金計画に基づき資金調達と償還のフローを示す資金繰り表を作成し，経産牛30頭規模の酪農経営が段階的に60頭規模の経営に移行するためのプロセスや条件を整理している。新山[2000]は肉用牛肥育経営を対象に，投資にともなう運転資金の増大について資金構造の中で資金のフローとストックの2つの規定要因から資金循環を整理している。

さらに財務状態を動態的にとらえることを目的に，逐次線型計画法を用いて生産技術部門と経営財務の連動性を実証的に明らかにした研究がある。横溝[1988]では肉用牛肥育経営を対象に，原田[1990]では段階的な規模拡大と大型投資を行う酪農経営を対象に，天野[2000]では畑作経営を対象に農地取得の際の資金調達と償還について考察している。資金繰り構造をより明確にキャッシュフロー（分析）の観点から接近した研究もある。八巻[1993]は長期的資金管理の特徴について，水田作法人経営を対象に資金運用表に基づき，資金の動態を現金・預金に集約した上で把握することとしている[10]。さらに減価償却費と元金償還額の間で時間のラグを調整することが長期的資金管理のポイントとしている。熊谷[2000]や森[1996]では農業法人を対象に，資金管理の目的として資金繰りの保持，財務流動性の維持，資本収益性の確保の３点をあげ，キャッシュフロー計算書を作成することの重要性を示唆している。南石他[2002]は生産計画の作成方法として，キャッシュフロー計算書も含めた財務諸表を用いる意義と実証を試みている。このように農業経営財務の研究において資金繰りの状態から経営を評価する試みが多くなされつつある[11]。

（２）キャッシュフローの背景

大規模酪農経営では，多額の固定資産，育成牛などの棚卸資産，借入金や運転資金などが成長過程でどのように活用されているかが重要となる。特に運転資金は経常的資材の投入から出荷，さらに代金受取りまでの資金運用に関わる時間的調整として機能している。そのために資産の流動性，投資効果，資金繰り状態，さらに負債償還などを計数的に把握することが必要である[12]。また，生産者の財務管理が不充分であると経営の不安定性は増大する。

財務状況を把握する上で主に用いられる分析指標は２つある（図５－１参照)。１つは比率分析で「自己資本比率」を主とする静態比率分析と，

---

[10]これは資金運用表を運転資金，基礎資金，財務資金の３部制形式に分けた試みで，キャッシュフロー計算書の性質と同じである。
[11]またアメリカの農業経営において，収益性，キャッシュフロー，リスク受容が経営管理のポイントとしている（八木[2003b]参照)。
[12]一般的に金融機関による取引企業に対する信用力の計り方には，３つのチェックポイントがある。１つは赤字経営であるか，２つは債務超過か，３つは資金繰りが困難かである。
[13]これら分析で用いられる静態と動態の意味は，貸借対照表のみを用いた静態分析と，貸借対照表と損益計算書の双方を用いながらの動態分析のことである。

支払利息の負担度や能力を評価する「インタレスト・カバレッジ比率」の動態比率分析である[13]。負債を償還する際の望ましい処理は資産を処分するのでなく，生産活動によって得られた　キャッシュフローから支払うことであるが，この指標から経営の支払能力が分かる。2つは資金分析で，資金運用表により資金のうごきをみる静態資金分析と，資金運用表から動態的に資金のうごきをみる動態資金分析からなる。さらに安全性指標では貸借対照表により明示される財務状況以外に，収益・費用（収入・支出）のフロー項目とも関連づけて総合的に評価しなければならない。その総合的評価には損益計算書とキャッシュフロー計算書を活用・分析することで生かされる。

キャッシュフロー計算書ではより現金主義に基づく会計原則で，事業展開からの資金，財務活動からの資金の調達と償還の財務状況について動態的なメカニズムで明示されることに特徴がある[14]。このことは経営分析における収益性指標から利益が現金収入の余剰額としてどれだけ得られたか，安全性指標から負債の償還期限が迫った中で，充分な償還としてどれだけ準備できるか否かに関わってくる。これら分析指標を総合的に評価するには，収入·支出や期末の資金残高に関する情報が必要になる。その情報はキャッシュフロー計算書から得られる。

わが国でも国際会計基準が導入され，1999年から株式上場企業に対して，貸借対照表と損益計算書の他に，キャッシュフロー計算書の作成

[14]収益と費用を計上すべき会計期間において，収益と費用がいつ生じたのか認識する問題と，それら金額を確保するという測定の問題がある。認識に関する基本的な考えとして現金主義（cash basis）と発生主義（accrual basis）がある。現金会計は収益と費用を現金収入と現金支出の時点で認識する方法である。この会計のもとでの収益は，掛売上の時点では収益には計上させない。一方，発生会計のもとでは，収益は現金収入の時点とは無関係に経営活動の成果と関連する事実が生じた時点で認識される。収益や費用が生じたことを意味する経済的な事実の発生時点で計上される（桜井[2001]）。また，キャッシュフロー計算書に関する書物は数多く出ている。ここではTom et al.[1995]（伊藤[1999]），岩崎[1999]，中沢他[1999]を参照した。熊野[2000]は，キャッシュフローに基づく財務のリスク分析をシミュレーションによって検討している。また酪農の場合は，営業キャッシュフローより生産キャッシュフローと称した方が妥当であると考えられることから，以下では営業の代わりに生産と称することを予め断っておく。

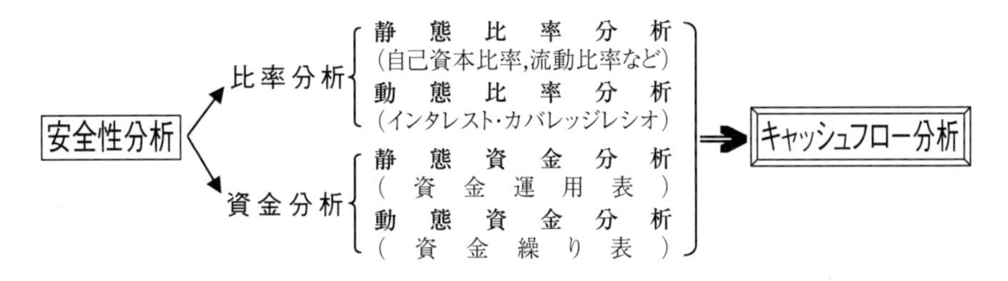

図 5-1　安全性分析とキャッシュフロー分析
注）平井［2002］pp.168を引用し，一部加筆。

が義務づけられた[15]。この計算書と分析により企業会計の透明性は増したといわれる。経済収支上は純利益が発生していても，現金が不足しているといった「黒字倒産」になる企業が増えたことが背景にある。このことはいくら利益をあげても当期中に同額のキャッシュが生じるとは限らない。長期的にみれば，利益が現金化されるまでは時間を要するからである。一般企業においては経済条件や成長局面に応じて経営状況をみる指標の重点も変わりつつある[16]。経営成長には欠かすことのできない投資についても，その経済性や効果の分析にキャッシュフローが用いられ，意思決定の際の有益な情報となっている。それは従来の現在価値法や資本回収法の分析方法から，キャッシュフローの概念を用いたDCF（discounted cash flow）がより信頼度のある分析方法として用いら

[15]キャッシュフロー計算書の作成と表示の方法には，直接法と間接法の２通りがある。直接法は期中の収入額と支出額の総額を記載することで，期中における資金の増減を直接的に明らかにする方法である。つまり現金の流れのことで，流入と流出の差額がネットキャッシュフローである。この分析は現金予算の管理において有効である。一方，間接法は損益計算書の当期純利益に調整を加えることにより，期中の資金変化額が間接的に明らかにされる。当期純利益をはじめとして，これに資産・負債の期中変化額を加味することで一期間中の現金預金の変化を明らかにする方法である。

[16]経済の成長期は，売上や売上高利益率（ＲＯＳ）や市場シェアなどの規模に関わる指標が中心であった。経済の停滞期は，次に投下資本に対してどれだけ儲けたのか資本利益率（ＲＯＡ）や自己資本利益率（ＲＯＥ）などの収益性に関わる指標が主になる。近年では経営実態を重視して客観性があるキャッシュフローをベースとした指標が主で，投資額に対するキャッシュフローの割合（ＣＦＲＯＩ）や利益から他人資本コストや自己資本コストを差引いた経済的付加価値（ＥＶＡ）が重要視されている（前川他[2002]参照）。

れている[17]。

このようにいままでは貸借対照表や損益計算書を用いた利益の発生を重視した経営の評価方法が主であったが，キャッシュフロー計算書の導入によって，現金のながれを重視した評価方法に変りつつある。

（3）キャッシュフロー計算書の特徴

図5－2は比較貸借対照表によるキャッシュフロー計算書の作成概要を示した。期首と期末の貸借対照表（実質2か年）の資産のストック情報が必要となる。当年期首の貸借対照表は前年期末のものである。図5－2の説明をすると，ここでは貸借対照表のうごきから期首における現金及び現金等価物が100万円で，期末が350万円の事例とした。1年間の経営活動（生産・営業，投資，財務）により期中のキャッシュフローが250万円増加したことになる。キャッシュフロー計算書からこの期中に変化した250万円が生産活動によるものか，投資売却によるものか，資金調達によるものかその源泉が検討できる。つまり，キャッシュフロー計算書は期首（前年期末）と期末の現金及び預貯金の算出過程を明らかにしたものである[18]。

---

[17]DCFは将来の期待キャッシュフローを，その危険性を反映する一定率で割引いたものであり，単なる投資の経済分析でなく，企業評価や価値をみる方法でもある。

[18]簡易的な算出されたキャッシュフローは税引後利益に減価償却費を加算し，配当金と役員賞与を差引いて算出される。ただ，この算出には期首と期末の未収･前受，未払･前払がおおよそ同じ額であることが条件とされる。これは資金提供者にとって自由に償還可能な現金が発生する意味でもある。

（単位:万円）

期首（前年末）貸借対照表

期首の財産の残高（ストック）

資産	負債
流動資産	流動負債
現金及び現金等価物 100	固定負債
・	
・	
固定資産	資本
土地	余剰金
建物	（当期純利益）100
・	
・	

期末（当年末）貸借対照表

期末の財産の残高（ストック）

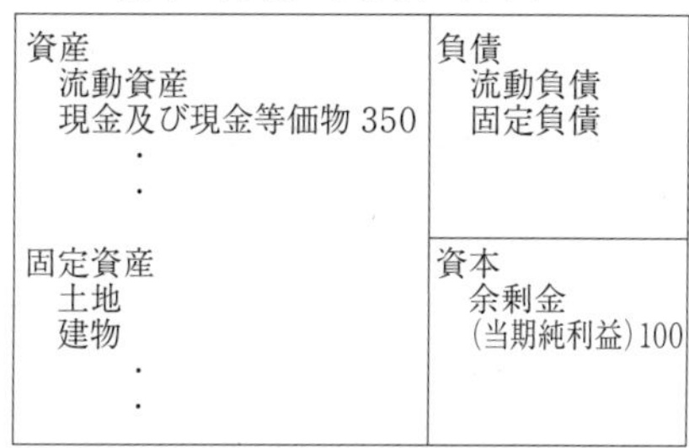

キャッシュフロー計算書

期中（1年間）のキャッシュフローの増減（フロー）

Ⅰ．営業活動によるキャッシュフロー	
Ⅱ．投資活動によるキャッシュフロー	
Ⅲ．財務活動によるキャッシュフロー	
Ⅳ．現金及び現金等価物の増加高（又は減少高）	２５０
Ⅴ．現金及び現金等価物の期首残高	１００
Ⅵ．現金及び現金等価物の期末残高	３５０

図 5-2　キャッシュフロー計算書の例

注）前川他[2002]を引用し,一部加筆。

（４）酪農経営の資金循環とキャッシュフロー

図５－３には現金主義に基づく酪農経営における資本（資金）の循環とキャッシュフローとの関係を示した。生産キャッシュフローとは，牧場の生産活動により発生するキャッシュのうごきである。そのキャッシュには売上や費用の支払いによる損益計算書に関わるものと，売上債権や仕入債務から生じるものとがある。売上債権の売掛金は，その代金を回収した時点で初めて現金となる。したがって売掛金の発生によりキャッシュフローはマイナスとなる。一方，仕入債務の買掛金は支払延期が生

じることから，期限付きで経営内の運転資金として機能することが可能となることから，キャッシュフローはプラスとなる。このような資金は本質的に外部金融であるが，借入金とは異なるものである。投資キャッシュフローとは，投資とその回収によって発生するキャッシュの変化である。有形・無形固定資産の取得に関わる支出や，売却収入である。一般的な経営では投資キャッシュフローはマイナスになる。財務キャッシュフローとは，資金の調達と償還によるキャッシュの変化である。借入金の調達によるキャッシュ・イン・フローと，償還によるキャッシュ・アウト・フローのうごきをとらえたものである。

以上，キャッシュフロー計算書の意義は，貸借対照表のストックデータを時間的にとらえ，さらに損益計算書のフローデータ（利益と減価償却費）を加えることで，現金の発生のプロセスをみることが可能となることである[19]。キャッシュフロー計算書を作成する際には，減価償却費の扱いに留意する必要がある。減価償却費は非資金支出で資金流出をともなわない費用である。損益計算書の利益算出で差引いてあるため，キャッシュフローの算出では，減価償却費を加算する手続きが必要となる。

[19]他にもフリーキャッシュフロー（FCF，free cash flow）がある。これは将来生み出されると期待される現金である。生産キャッシュフローと投資キャッシュフローからなる。また，企業本来の営業活動から生じ，企業への資本拠出者に対して分配可能なキャッシュフローの意味も有する（小山[2001]）。市村[1996]は，1983年から92年の全製造業の財務データを加工してフリーキャッシュフローの発生状況をみながら，コーポレートガバナンスの課題に接近している。経営者と株主との利害対立に「企業成長目標」と「株主形成理論」をあげ，その対立構造とフリーキャッシュフローの関係を明らかにしている。

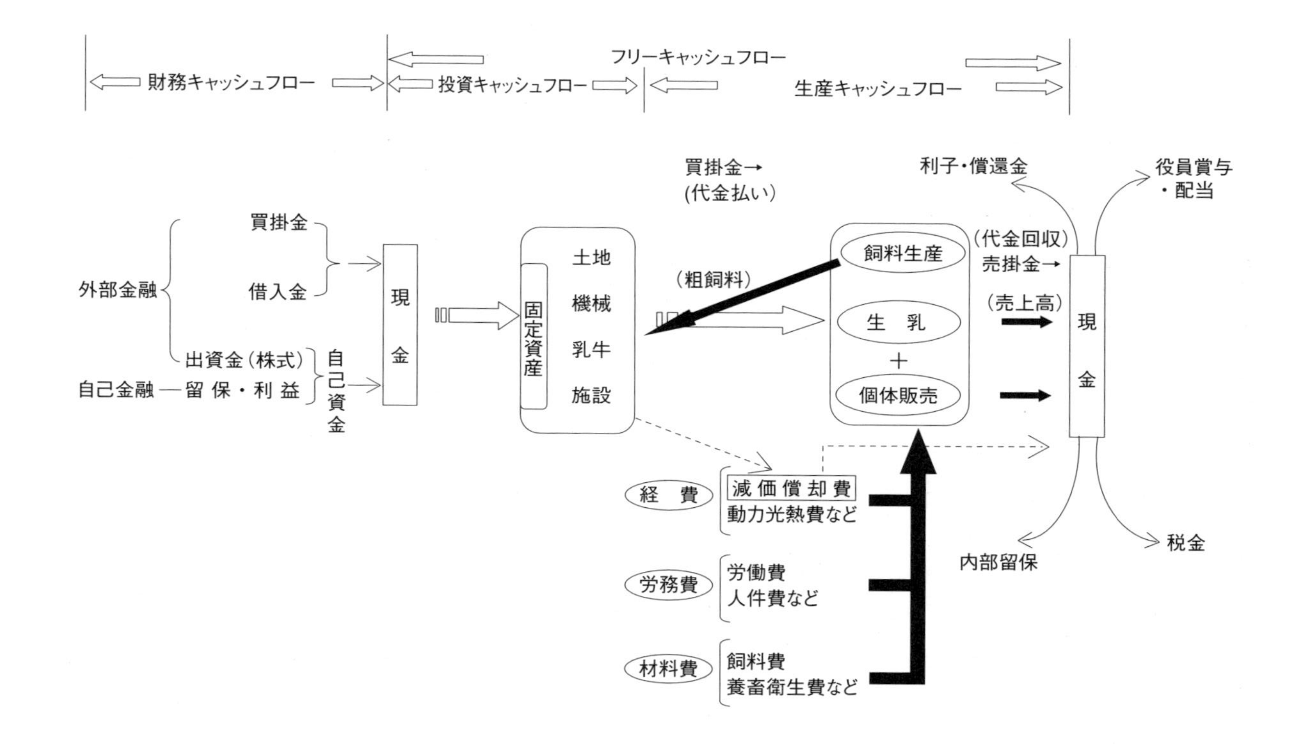

図 5-3　資金循環プロセスとキャッシュフローの局面

注）筆者作成。

第4節　キャッシュフロー分析による経営財務

以下，2つの超大規模酪農経営を事例にキャッシュフロー分析を適用して，規模拡大プロセスと資金循環の関係を検討する。2つの事例経営はともに法人経営で税金申告し，財務諸表を作成している。S経営は農協と生乳の出荷や資材調達の取引を全面的に行っている。一方，J経営は，農協に生乳を出荷するが資材調達は一部の取引に限っている。このような経営の規模拡大過程における資金調達と償還のメカニズムや収益性･安全性への影響についてキャッシュフロー分析により明らかにする[20]。

（1）超大規模酪農経営の形成過程

1）S経営の設立背景

S経営は北海道十勝地域に位置する超大規模酪農経営である。飼料調達のうち半分以上は自給飼料によるもので，草地をいかした粗飼料で自給率が高い経営である。1994年に同じ地区の酪農家3戸により設立された農事組合法人である。所得向上のため，個別で規模拡大を試みようとすれば，新規投資や新たな借入金の発生，さらに労働過重に直面することになり，営農に不安定要素が多くなることの共通認識をもっていた。牛舎施設などハードの資産が更新期であることから，個別で投資するか共同組織化を行うかどうかの決定に迷っていた。そのとき地元農協の勧めもあり，後者の共同経営として歩むことに踏み切った。現時点でも規模拡大が進展中で，2003年の生乳生産量は7,026トン規模である。

[20]キャッシュフロー分析には市販のソフトを用いるが，同時に筆者独自で表計算ソフトを用いてこの分析を試みている。

２）Ｊ経営の設立背景

Ｊ経営は栃木県の有限会社で，酪農と肉牛肥育の複合経営である。1963年に北海道で食肉卸売業，小売業からスタートした。その後，仕出し業やレストラン経営やコンビニエンスストアの営業へと多角化していった。卸売業から始まったが，1979年に北海道で肥育部門を創設し，乳雄の肥育経営として多頭経営へと発展した。1987年には栃木県で，大手商社が経営していた牧場を買収して急激な規模拡大を達成した。1990年には1988年からスタートさせた酪農部門を北海道から栃木県の牧場に移転・統合，同時に社名を現在の「ＪＥＴファーム」に改名している。このようにＪ経営は食肉卸業として創業され，垂直的統合により肉牛肥育部門と酪農部門を段階的に導入した農外資本による企業経営である。2002年の生乳生産量は14,810トンである。

（２）経営概要

１）酪農専業Ｓ経営の概要

Ｓ経営は1994年の設立から生産乳量を着実に伸ばしてきた。1994年の1,554トン，５年目の1998年には3,833トン，2001年には5,414トン規模にまで達している。雌牛の自家育成の他，後継牛の購入により頭数規模の拡大を図っていった。自給飼料生産を基盤にもつＳ経営にとって，拡大のためには搾乳部門と飼料生産部門を同時平行に拡充しなければならない。頭数規模，飼料作面積，労働人員など各生産要素が最適に結合されなければならない。頭数規模の増加に応じる形で牛舎施設はスタート時の160頭牛舎２棟から，1997年には70頭の分娩牛舎を，翌年には80頭と130頭牛舎を追加的に導入してきた。固定資産の投資には牛舎増築，土地取得があげられる。労働人員として構成員は３家族の夫婦６人であるが，外部労働力を積極的に迎え入れている。1997年に従業員５人に，さらに2001年は10人となり，計16人のスタッフからなる。土地は構成員の所有も含めて355ha規模である。このように多頭化にともない労働人員を増やしてきた。

資金調達では長期借入金として，経営基盤強化資金や拡大化資金などの制度資金に加え，短期借入金として農協からの系統資金を運転資金として調達してきた。組織運営に関する意思決定の方法は出資者である構成員３名の完全合議制をとっている。搾乳作業，飼料給与，繁殖管理など牧場内の作業タスクはスタッフ全員によるローテーション体制が完備されている。飼料生産はＳ経営の子会社である作業受託組織に完全依存している。

表５－１より生産面をみると，搾乳形態は20頭ダブルパーラ，１日３回搾乳を行っている。飼料給与形態はTMR（total mixed ratio）方式にて飼料を混合・調製し，すべての工程に１日４時間を費やしている。繁殖管理はパソコンを利用することで効率性を増している。哺育・育成牛の管理はすべて自己完結で行っているが，育成牛の一部を公共牧場に委託している。2001年に哺乳ロボットを２台補助事業で導入した。ふん尿処理形態はスラリー方式を採用し，定期的に飼料作付地に散布している。

２）酪農肉牛複合Ｊ経営の概要

Ｊ経営は肉用肥育経営をベースとして，酪農部門を徐々に拡大してきた。1993年から搾乳頭数は毎年100から180頭ずつ増やしてきた。2001年には生乳生産量13,000トンに達する。主たる作業内容として，搾乳作業はのべ18人からなり，女性のパート労働が主体で１時間あたり200頭の搾乳作業能力である。飼養形態はフリーバーン，搾乳形態は25頭ダブルで，１日３回のパーラ搾乳体系である。飼料給与方式はＴＭＲで，すべての工程に１日６時間を費やしている。哺乳方法は哺乳ロボットを使用し，より省力化を可能にしている。繁殖管理にはパソコンと不受胎が続く乳牛にはまき牛を導入し対応している。ふん尿処理方法は発酵促進機3基を導入し，ハウス乾燥による堆肥製造を行っている。堆肥は7割がフリーバーンへの戻し堆肥で，3割が近隣の園芸農家などに販売されている[21]。

肉用肥育経営に酪農部門を導入した理由は，肉用肥育は変動する牛肉価格に対して，酪農は一定の乳価が保証されており，価格リスクの回避であった。労務管理は就業規則に基づき1日9時間労働で，休日は月6休である。給与報酬の基準は会社の実績に応じて設定される。各種保険に加入していて，退職金は中小企業退職金制度を利用している。従業員への指導や研修として，構成員とともにアメリカの大規模経営を視察する機会を与えている。

表 5-1　S経営とJ経営の経営概要（2001年）

	S経営	J経営
設立（法人化）	1994年	1988年（栃木の牧場設立）
法人形態	農事組合法人	有限会社
土地面積（ha）	355	10
労働人員	構成員6,従業員10	構成員10,従業員46
経産牛（頭）	600	1,300
飼養形態	搾乳牛FS,分娩牛フリーバーン	フリーバーン
搾乳形態	20頭ダブルパーラ	25頭ダブルパーラ
飼料給与方式	TMR	TMR
生産乳量（t）	5,500	13,000
搾乳回数	3回／日	3回／日
繁殖管理	コンピュータ,万歩計	コンピュータ,まき牛飼育
ふん尿処理	スラリー方式（ラグーン貯留）	サークルコンポ方式
堆肥用途	100％農地に還元	70％戻し堆肥,30％販売

注1）土地面積は施設地を含む。
　2）労働人員は非常勤を除く。

[21]戻し堆肥とは，完熟発酵させた堆肥を牛舎の敷料としてリサイクルすること。

（3） S経営の展開過程と分析結果

S経営の1995年から2001年における経営展開をみる（表5－2と表5－3）。1995年は設立2年目で，頭数は3戸の持ち寄り搾乳牛と後継牛と合わせて280頭である。できるだけ自家育成牛を後継牛として飼育することをモットーにしているが，多頭化計画を進める上で，乳牛を外部から調達している。1998年から2000年の3年間は毎年，系統資金の農業経営拡大化資金により乳牛の導入を図ってきた。その結果1997年の340頭から2001年には2倍の600頭に達した。1999年には1年間で113頭増加し，生乳生産量は約1,000トンの増加をピークに，1997年から2000年までは2,000トンもの増加実績を果たしている。粗収入をみると1995年の2億円台，1997年約3億円台，1999年4億円台，2001年5億円台と2か年のスパンで1億円の売上高を増加している。

この著しい拡大投資には1995年に導入したFS牛舎や分娩舎，1997年の成牛舎の投資があり，建物・施設を先行投資させた。1998年には農地流動化資金，1999年と2000年には経営基盤強化資金により農地（飼料作地）を購入し，355haの規模に達している。

表5－4からいままでの借入資金の内訳をみると，設立時は，「公社営畜産基地建設事業」（約3億の事業規模）により，補助残の公庫資金である総合施設資金（償還期間20年，据置3年）を借りている。その後，乳牛導入には経営拡大化資金を，農地取得には経営基盤強化資金や農地流動化資金の長期資金を調達している。償還年数は，使途が土地や施設に関わるものは20年以上の長期で，乳牛は3年間と短期である。

表5－5の財務諸表と，表5－6の牛群検定成績からS経営の生産状態と経営成果をみる。損益計算書をみると1996年と1997年の純利益が赤字であるが，これは売上原価の高さが関わっている。コスト増の要因は，2年間ともに飼料費と養畜衛生費の増加である。飼料費の増加は

表 5-2　S経営の規模拡大過程

	1995	1996	1997	1998	1999	2000	2001
搾乳牛（頭）	280	321	343	395	508	560	600
（頭数のび）	―	41	22	52	113	52	40
構成員（名）	6	6	6	6	6	6	6
従業員（名）	1	2	5	5	5	8	9
生乳生産量（t）	2,366	2,615	3,068	3,833	4,813	5,113	5,414
（生産量のびt）	―	249	453	765	980	300	301
粗収入（千円）	240,616	269,855	296,718	356,885	413,135	456,139	500,697
（うち酪農）	160,019	179,976	200,792	273,805	343,673	372,874	393,836

表 5-3　S経営の固定資産取得

（単位：千円）

	1995	1996	1997	1998	1999	2000	2001
固定資産取得総額	238,471	11,297	38,703	6,846	76,761	49,427	13,728
農地の取得額	0	0	0	0	37,070	16,543	0
施設の取得額	200,499	4,220	27,991	0	32,349	0	3,410
機械の取得額	37,972	7,077	10,712	6,846	7,342	32,884	10,318
新規借入金	180,981	0	6,333	30,034	48,641	34,532	23,152
償還額	―	―	―	9,626	14,430	22,219	30,576
主たる資産取得	FS牛舎	ハウス	成牛舎	トラクタ	農地	農地	バンカーサイロ
	分娩舎	家畜車	バンカーサイロ		FS舎	自走式ハーベスタ	クロッププレッサー
	バンカーサイロ	ダンプ	モアコン		ホイールローダー	乗用車	ホイルローダー
	ミルキングパーラ		タイヤショベル		乗用車		
	ミキサーフィーダー						

S経営が設立されてから日が浅く，粗飼料の生産体系が未整備で，多頭化に見合った粗飼料の収量が十分に確保されず，購入飼料に依存したためコストが増えたと解釈できる。一方，養畜衛生費では乳牛がＦＳ牛舎に馴致せず，蹄病が多発したため多額のコストが発生したことである。表５－６より1997年は乳牛検定の除籍率が37％と高く，この中には蹄病による淘汰も含まれている。その以降は順調で，規模に見合った乳量をあげている。個体乳量の水準は1997年から9,000kg以上を記録している。このような高泌乳の背景には３回搾乳の実施がある。2000年は売上高規模の割には純利益が低くなっている（1999年の約5,000万円に比べ，2000年は約3,000万円)。これは繁殖障害など疾病問題が急に生じ，乳牛の処分損が関わり，会計上に特別損失が発生したためである。2000年の特別損失は2,700万円に及ぶ。

次に貸借対照表をみてみる。現金及び預金のうごきは1995年約1,000万円から1999年の約5,100万円と順調に増加している。2000年は減少したが，2001年には6,000万円に増加している。負債では1998年から毎年，約2,000万円から約4,000万円ほどの新規の借入資金を調達して

表 5-4　S経営の借入資金

（単位:千円）

借入年	資金名		借入金額	償還年	据置年	利率(%)	使途	2001年残高
1995	総合施設資金	①	161,981	20	3	3.500	パーラーFS導入	130,188
1995	経営基盤強化資金	①	19,000	20	3	2.500	分娩舎建設	15,299
1997	経営基盤強化資金	②	6,333	5		2.500	バンカーサイロ	2,384
1998	拡大化資金	①	4,660	3		3.025	乳牛導入	0
1998	経営基盤強化資金	③	8,274	25		2.500	機械導入	7,656
1998	農地流動化資金	⑥	17,100	10		0.500	農地取得	11,400
1999	拡大化資金	②	4,666	3		3.025	乳牛導入	333
1999	拡大化資金	③	8,000	3		3.025	乳牛導入	2,000
1999	経営基盤強化資金	④	35,975	25		2.400	農地取得	33,853
2000	拡大化資金	④	15,632	3		2.525	乳牛導入	15,632
2000	経営基盤強化資金	⑤	18,900	25		2.370	農地取得	18,900

表 5-5　S経営の貸借対照表と損益計算書

（単位：千円）

	1995	1996	1997	1998	1999	2000	2001
流動資産	60,182	71,402	79,857	92,972	119,018	119,250	145,627
現金及び預金	9,953	15,131	19,074	29,036	51,594	44,206	60,526
受取手形	0	0	0	0	0	0	0
売掛金	15,491	15,844	19,463	24,828	33,359	31,183	32,883
有価証券	0	0	0	0	0	0	0
棚卸資産	40,831	39,711	39,139	38,205	32,931	40,651	49,571
その他流動資産	-6,093	715	2,181	904	1,134	3,210	2,647
固定資産	249,315	243,766	267,804	287,349	336,714	359,698	409,396
有形固定資産	248,873	243,320	264,349	283,843	333,044	355,974	405,498
うち乳牛	5,723	7,544	8,566	9,942	10,983	10,863	14,468
無形固定資産	143	143	143	143	143	143	143
投資有価証券	0	0	0	0	0	0	0
出資金	300	304	3,312	3,364	3,527	3,581	3,756
繰延資産	5,446	7,309	5,978	10,359	6,921	4,493	2,754
草地改良	5,446	7,309	5,978	10,359	6,921	4,493	2,754
資　産	314,943	322,477	353,638	390,681	462,653	483,442	557,777
流動負債	8,917	16,545	41,557	34,737	46,940	28,898	71,549
短期借入金	0	8,598	18,014	3,155	0	17,813	44,954
未払消費税等	1,674	1,164	2,655	1,142	3,545	360	1,908
未払法人税等	0	80	80	1,811	29,514	0	0
その他流動負債	7,244	6,703	20,808	28,629	13,881	10,725	24,686
固定負債	294,081	295,581	304,914	328,322	370,333	382,646	375,222
長期借入金	180,981	180,981	187,314	207,722	241,933	254,246	246,822
固定資産購入未払金	113,100	113,100	113,100	113,100	113,100	113,100	113,100
理事借入金	0	1,500	4,500	7,500	15,300	15,300	15,300
資　本	11,945	10,351	7,168	27,622	45,380	71,897	111,006
資本金	330	330	330	330	330	330	330
利益剰余金	11,615	10,021	6,838	27,292	45,050	71,567	110,676
負債･資本	314,943	322,477	353,638	390,681	462,653	483,442	557,777
売上高	240,617	269,855	296,718	356,885	413,136	456,140	500,697
売上原価	218,258	251,936	283,621	313,147	334,752	391,403	433,476
販売費及び一般管理費	41,897	33,764	32,430	34,286	49,980	52,957	53,983
営業外収益	17,592	28,051	34,644	36,407	47,198	48,208	55,367
営業外費用	13,499	16,085	18,462	19,532	20,584	24,930	21,216
経常利益	-15,445	-3,879	-3,150	26,328	55,018	35,058	47,389
特別利益	34,571	10,193	9,952	2,832	3,701	22,390	5,860
特別損失	412	7,731	9,904	6,895	7,962	27,761	10,236
純利益	18,714	-1,418	-3,103	22,265	50,758	29,687	43,014

注1）その他流動資産には未収入金,仮払金,組合員勘定が入る。
2）1995年の「その他流動資産」は組合員勘定項目がマイナス計上されていることによる。
3）その他流動負債には未払金,未払費用,預り金,借受金が入る。

表 5-6　S経営の牛群検定成績

		単位	1996	1997	1998	1999	2000	2001
乳量･乳質	個体乳量	(kg)	8,964	9,414	10,302	9,919	9,886	9,899
	乳脂率	(%)	4.05	3.91	3.90	3.90	4.02	3.96
	無脂固形分率	(%)	8.82	8.75	8.85	8.84	8.85	8.78
繁殖成績	分娩間隔	(日)	397	404	408	412	414	418
	初産月齢	(月)	25	25	25	25	25	25
	受精回数	(回)	2.3	2.4	2.7	2.8	3.1	3.7
	発情発見効率	(%)	58	60	54	56	62	62
	空胎日数	(日)	128	135	142	136	145	165
加入･除籍	加入牛率	(%)	46	43	53	51	36	33
	除籍牛率	(%)	31	37	31	27	27	26

資料）北海道酪農検定検査協会『年間検定成績書』（各年）。

いるが，同時に償還も行ってきたことで，期末の長期借入金は2億円台で一定している。また構成員からの借入金が，1999年までに1,530万円に達している[22]。

ここではS経営のキャッシュフロー分析を試みる。まず，表5－8に示した従来の経営診断指標から検討する。収益性指標である資本利益率や売上高利益率をみるかぎり，年々収益性は上昇している。資本利益率は−1.2％から8.5％に，売上高利益率は−1.4％から9.5％に上昇している。また2000年のキャッシュは738万円のマイナスであったが，その期以外すべてにおいて，期中の現金・預金の増加がみられる。安全性指標では自己資本比率が1996年3.20％から2001年19.9％に上昇，売上高負債比率が1996年115.7％から2001年89.2％に徐々に低下していることから経営の財務的な問題はないといえる。

次にキャッシュフロー分析によって得られた結果をみる。表5－7には作成したキャッシュフロー計算書から，その特徴である生産活動，投

[22]これは構成員による法人経営に対する貸付である。通常は「事業主勘定」と称されるがS経営の場合は，「理事借入金」と勘定名がついている。

資活動，財務活動の３つに区分されたキャッシュフローのうごきを示した。図５－４にはそれら３活動のキャッシュフロー，フリーキャッシュフロー，キャッシュの増減額を示した。生産活動によるキャッシュフローに関しては，1996年は141万円，1997年は310万円で当期利益は赤字が計上されていたが，以後は黒字経営に転じて2001年は4,301万円の利益が発生している。これは頭数規模の拡大から売上高が飛躍的に増えたことに関係している。1999年にはこのキャッシュフローが8,994万円に達しているが，これは頭数の増加（年間約100頭）と生産乳量の増加（年間1,000トン）が大きく関わっている。また，見逃せないのは生産キャッシュフローの増加要因として，減価償却費の増加が考えられることである。これは内部留保機能が考えられるが，その割合は2001年で生産キャッシュフローの約59％を占めている。

投資活動によるキャッシュフローに関しては，資金の変動要因は固定資産の増減，つまりその取得と売却に深く関わっている。Ｓ経営は多額の乳牛や施設，さらには農地の固定資産を取得することで，規模拡大の資本形成を行ってきた。投資キャッシュフローのうごきをみると1995年には牛舎やパーラなど大型の機械・施設を導入し，追加投資を行っている。1999年では4,000万円の農地取得をはじめ8,000万円ほどの新規の資産取得があった。さらに，2000年の純利益は前年と比べて，2,000万円ほど減少している。地代やリース料の上昇がコスト増に結びつき，純利益の減少をもたらした。また，2000年は農地取得やハーベスターの導入といった粗飼料生産向けの投資が主であったことから，生乳生産の売上高の増加には直接結びついていない。フリーキャッシュフローをみると，1998年以外はすべての期でフリーキャッシュフローがマイナスとなっている。これは固定資産の取得が図られ，土地や機械・施設の投資を中心にしてきた結果，投資キャッシュフローがマイナスとなった。しかし，いままで1,000万円以上のマイナスであったフリーキャッシュフローが，2001年には生産キャッシュフローが1億800万円に達したことで，339万円のマイナスにとどまっている。

次に財務活動によるキャッシュフローに関しては，生産や投資の事業

表 5-7　S経営のキャッシュフローの推移

（単位:千円）

	1996 4期	1997 5期	1998 6期	1999 7期	2000 8期	2001 9期
Ⅰ生産活動によるキャッシュフロー区分						
当期純利益	-1,418	-3,103	22,265	50,758	29,687	43,014
減価償却費	47,047	47,720	56,488	57,315	63,426	63,889
受取利息及び配当金	-104	-92	-118	-176	-205	-236
支払利息	6,284	5,364	6,517	5,814	7,166	7,170
売上債権の増減額	-353	-3,619	-5,365	-8,531	2,176	-1,700
棚卸資産の増減額	1,119	572	934	5,273	-7,720	-8,920
その他流動資産の増減額	-6,808	-1,466	1,276"	-229	-2,076	563
仕入債務の増減額	0	0	0	0	0	0
未払消費税等の増減額	-509	1,490	-1,512	2,402	-3,184	1,548
その他流動負債の増減額	-541	14,105	7,821	-14,747	-3,156	13,961
小　計	44,717	60,973	88,307	97,879	86,112	119,290
受取利息及び配当金の受取額 104	92	118	176	205	236	
支払利息の支払額	-6,284	-5,364	-6,517	-5,814	-7,166	-7,170
法人税等の支払額	-96	-80	-80	-2,297	-32,683	-3,906
生産活動によるキャッシュフロー ①	38,441	55,621	81,827	89,944	46,469	108,451
Ⅱ投資活動によるキャッシュフロー区分						
有形固定資産の増減額	-41,494	-68,750	-75,981	-109,956	-86,356	-113,412
出資金の増減額	-4	-3,008	-52	-163	-54	-175
繰延資産の増減額	-1,863	1,332	-4,382	3,439	2,427	1,739
その他の増減額	0	0	0	0	0	0
投資活動によるキャッシュフロー ②	-43,361	-70,426	-80,415	-106,680	-83,983	-111,848
フリーキャッシュフロー ①+②	-4,920	-14,806	1,412	-16,737	-37,514	-3,397
Ⅲ財務活動によるキャッシュフロー区分						
短期借入金の増減額	8,598	9,416	-14,859	-3,155	17,813	27,141
長期借入金の増減額	0	6,333	20,408	34,211	12,313	-7,424
理事借入金の増減額	1,500	3,000	3,000	8,239	0	0
財務活動によるキャッシュフロー ③	10,098	18,749	8,549	39,295	30,126	19,718
キャッシュ増減額 ①+②+③	5,179	3,943	9,961	22,558	-7,388	16,320
キャッシュ期首残高	9,953	15,131	19,074	29,036	51,594	44,206
キャッシュ期末残高	15,132	19,074	29,035	51,594	44,206	60,526

注）キャッシュフロー計算書の作成には部分的に，作成ソフトのPuzzleRings社「キャッシュフローv2.2」を用いた。

表 5-8　S経営の経営分析指標

	1996 4期	1997 5期	1998 6期	1999 7期	2000 8期	2001 9期
資本利益率（%）	-1.2	-0.9	6.7	11.9	7.3	8.5
売上高利益率（%）	-1.4	-1.1	7.4	13.3	7.7	9.5
資本回転率	0.8	0.8	0.9	0.9	0.9	0.9
自己資本比率（%）	3.2	2.0	7.1	9.8	14.9	19.9
売上高負債比率（%）	115.7	116.8	101.7	101.0	90.2	89.2
資本負債比率（%）	3.3	2.1	7.6	10.9	17.5	24.8

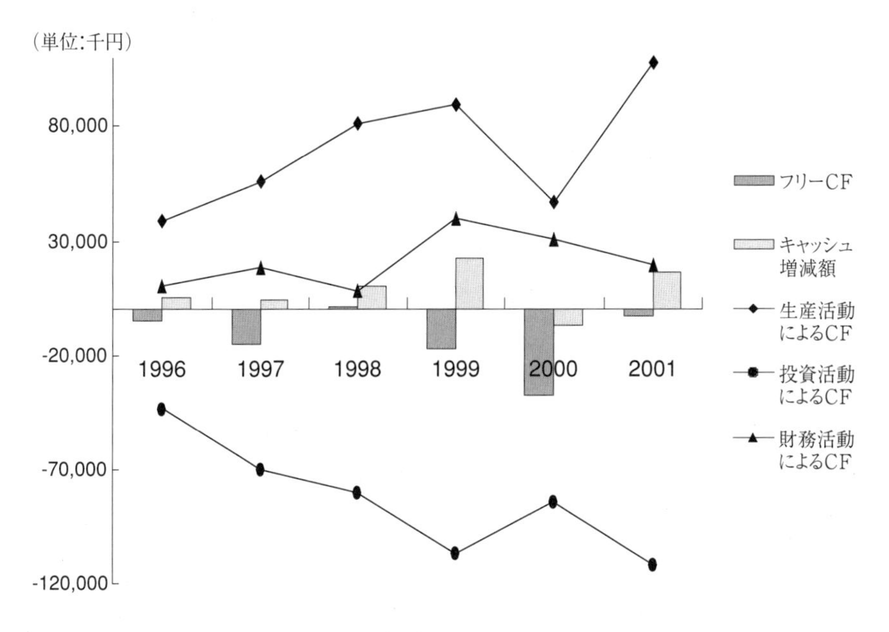

図 5-4　S経営のキャッシュフロー

注）CFはキャッシュフローを示す。

活動を維持するためにどの程度の資金が調達され，さらに償還されたかをキャッシュの増減でみることができる。毎年，追加的な資金調達が償還以上に行われたことから，キャッシュフローはすべての期でプラスである。1999年では農地取得資金も含め4,000万円の財務キャッシュフローが発生している。

以上，S経営の財務諸表とキャッシュフロー計算書を時系列でとらえながら期中に発生したキャッシュの増減の要因をみてきた。この6年間において通常の経営診断指標で用いられる収益性や安全性の指標は年々向上している。しかし，キャッシュフローの分析結果をみるかぎり，動態的にとらえた資金調達と償還のうごきでは不安定性がみられる。このことはS経営のフリーキャッシュフローのうごきをみたとき，1998年以外はすべて毎年マイナスが計上されていることに関わる。毎年計上されるキャッシュの増加は，借入金による財務キャッシュフローで充当しているにすぎない。このように経営の財務状態が示す不安定要因は2つ考えられる。1つはS経営が設立されてから，経過期間が短いことである。設立してから10年ほどは外延的規模拡大を果たし，大型施設や農地など固定資産の投資を積極的に行うことで生産基盤を整えてきた。この拡大投資により投資キャッシュフローがマイナスで計上され，その額は生産キャッシュフローを上回っている。このような設立後における新規拡大投資は回収期間の長期化という性格から，資金源を借入金の財務キャッシュフローに依存しなければならないため財務状態が不安定になりやすい。2つは投資の優先順位の妥当性である。S経営の固定資産の取得状況をみると，農地取得や飼料生産に関わる機械といった直接には収益向上に結びつかない資産を取得したため，投資規模以上の売上収益である生産キャッシュフローが見込めなかったためと考えられる。

（４）Ｊ経営の展開過程と分析結果

Ｊ経営の経営動向について財務諸表を用いて考察する。表５－９には1993年から2001年までの搾乳牛と労働人員のうごきや，主な投資内容を示した。搾乳牛は毎年100頭ずつ増頭させ，生乳生産量もそれに応じて増加している。1998年に搾乳牛が1,000頭に，2000年には生乳生産量は10,000トン以上に達した。労働力は1995年から2001年の期間で構成員・従業員が10名から27名に増員している。表５－１０から規模拡大による資産取得をみると，購入飼料依存型経営により農地取得はないが，1995年から1998年の間で１年おきに大型牛舎と堆肥舎や，環境保全のため堆肥化の発酵促進機械に１億円規模の投資を行っている。乳牛導入に関しては，毎年コンスタントに行っているが，1996年からは本格的に酪農部門の割合を高めてきたことから，外部資金を調達しながら乳牛を導入している。特に1998年と1999年には２年続けて乳牛導入のために，総額２億円ほどの外部資金を調達している。これら導入資金はすべて３年から７年の償還期間で主に市中銀行から借り入れていることが特徴である。Ｊ経営は飼料生産に関わる機械や土地などの投資を一切行わず，乳牛導入や牛舎施設の増築によって，拡大投資を図ってきた。そして頭数増加にあわせて，堆肥処理施設に関わる追加投資を行ってきた。

表 5-9　J経営の規模拡大過程

	1993	1994	1995	1996	1997	1998	1999	2000	2001
搾乳牛（頭）	420	520	620	720	900	1,000	1,100	1,280	1,300
（頭数のび）	—	100	100	100	180	100	100	180	20
構成員･従業員（名）	13	10	10	12	17	19	20	22	27
パート（名）	13	12	13	13	17	20	23	17	23
生乳生産量（t）	3,999	4,194	4,993	5,364	7,125	8,512	9,100	11,500	13,020
（生産量のびt）	—	195	799	371	1,761	1,387	588	2,400	1,520
粗収入（千円）	1,286,411	1,208,498	1,498,273	1,423,683	1,529,357	1,567,277	1,734,706	2,213,124	2,308,401
（うち酪農）	397,941	408,400	486,031	520,439	652,969	762,584	816,006	1,071,411	1,237,663

表 5-10　J経営の固定資産取得

（単位：千円）

	1993	1994	1995	1996	1997	1998	1999	2000	2001
固定資産取得総額	43,909	186,619	42,454	101,394	27,523	130,557	47,333	61,559	60,761
施設の取得額	29,348	177,159	7,300	85,360	18,510	112,194	37,552	33,000	25,378
機械の取得額	14,562	9,460	35,154	16,034	9,013	18,363	9,781	28,559	35,383
新規借入金	－	53,500	20,000	190,000	50,000	230,000	230,000	150,000	170,000
償還額	38,390	42,045	183,733	222,295	313,301	311,723	224,398	379,714	448,988
主たる資産取得	搾乳牛舎	牛舎	浄化槽	搾乳牛舎	飼料庫上屋	新搾乳舎	牛舎	哺育育成舎	市場中古住宅
	鉄骨中古畜舎	堆肥発酵舎	トラクタ	東堆肥舎	コンプリートフィーダー	新パーラ牛舎	堆肥舎	育成舎	新車ダンプ
	給水設備	飼料倉庫		サークル連続発酵機	トラクタ	中古ダンプ	ドライフォグ（細霧）	自動哺育機	トラクタ
		連続発酵乾燥機				乗用車	牛舎通路	トラクタ	フォークリフト

表5－11より借入資金をみると系統資金が6件，公庫資金が1件，その他の11件はすべて市中銀行からの資金調達である。市中銀行からの償還期間は5年が多く，使途は乳牛導入がほとんどである。乳牛は生乳生産による売上収益がすぐに見込める資産である。J経営は高収益をあげる手段として，乳牛資本にウエイトをおき，初妊牛の購入により多頭化を図ってきた。乳牛資本を経営に生かすことで確実に得られる収益によって余剰金が発生，償還に至るという効率的な資金循環を実現してきた。

さらに，増頭にあわせて段階的に牛舎施設や堆肥施設を導入することで，乳牛の飼養基盤に関わる資本形成を行ってきた。

次に表5－12から財務諸表を用いながらJ経営の経営状況についてみる。1994年から2001年の間に，総資産は約17億円から約24億円へ7億円ほど増加している。有形固定資産の中でも乳牛資産が約2億円と顕著に増えている。一方，棚卸資産がこの期間で約6億円ほど減少しているのは，肥育牛によるもので肥育部門の縮小がみてとれる。このようにJ経営の事業活動は次第に酪農部門へシフトしている。1999年から牛乳の売上高が肥育牛売上高を抜き，酪農部門が主流になっている。売上高は1994年の約12億円から2001年の約23億円へと約2倍に達し，純利益は5,300万円から3億2,000万円へと極めて高い利益をあげている。この売上高と純利益は，酪農部門が主流となった2000年ごろから急増した。酪農による安定した出荷と乳価水準の安定性が売上の増加につながり，高収益が発揮できる経営となった。さらに増え続ける利益や減価償却費による内部留保によって，比較的償還期間が短い乳牛導入資金の償還や長期負債の繰上償還が可能なまでに至っている。長期借入金の残高は1994年約11億円から2001年には約6億円に半減している。

表 5-11　J経営の借入資金

（単位：千円）

借入年	資金名		借入金額	償還年	据置年	利率（%）	使途	2001年残高
1988	市中銀行A	①	200,000	15		2.675	運転資金	47,000
1991	系統資金	①	23,500	11	3	2.000	建物購入	2,350
1994	系統資金	②	53,500	10	3	2.000	建物購入	14,466
1995	系統資金	③	20,000	18	3	2.000	機械購入	14,112
1996	市中銀行B	①	100,000	7		2.250	乳牛導入	41,000
1996	系統資金	④	33,200	14	3	2.000	建物購入	21,339
1996	系統資金	⑤	26,800	14	3	3.000	建物購入	17,226
1996	市中銀行A	②	30,000	10		2.775	建物購入	13,500
1997	市中銀行A	③	50,000	5		2.775	乳牛導入	1,860
1998	市中銀行B	②	100,000	5		2.450	乳牛導入	27,400
1998	系統資金		60,000	6		2.100	建物購入	25,713
1998	市中銀行A	④	70,000	7		3.000	乳牛導入	35,970
1999	市中銀行B	③	30,000	5		2.450	乳牛導入	14,500
1999	市中銀行A	⑤	100,000	5		2.875	乳牛導入	61,659
1999	農林公庫		100,000	3		2.500	乳牛導入	50,617
2000	市中銀行B	④	150,000	5		2.450	乳牛導入・機械導入	107,500
2001	市中銀行A	⑥	80,000	5		2.875	乳牛導入	69,336
2001	市中銀行A	⑦	90,000	1		－	経営維持資金	90,000

表 5-12　J経営の貸借対照表と損益計算書

(単位:千円)

	1994	1995	1996	1997	1998	1999	2000	2001
流動資産	922,924	828,797	855,950	999,620	1,053,035	1,063,004	1,233,322	1,177,444
現金及び預金	17,034	101,201	78,225	98,967	75,789	138,676	223,064	338,052
売掛金	69,611	85,267	157,766	209,568	131,340	151,375	199,583	262,382
有価証券	0	0	0	0	1,850	11,850	14,050	14,050
棚卸資産	809,536	617,585	610,616	681,425	746,181	740,373	582,043	221,075
短期貸付金	18,547	14,665	9,344	9,659	97,875	20,730	214,582	341,885
積立金	8,196	10,080	0	0	0	0	0	0
固定資産	750,522	811,785	907,891	906,389	1,087,868	1,146,928	1,202,853	1,251,517
有形固定資産	728,162	786,829	882,414	879,685	1,057,163	1,116,336	1,165,422	1,198,246
うち乳牛	212,419	264,055	282,500	285,570	333,090	393,387	414,566	448,191
無形固定資産	197	197	197	197	197	197	197	269
出資金	3,748	4,048	6,170	7,163	8,163	8,220	8,770	27,370
長期前払費用	13,195	15,491	13,612	13,684	16,719	14,393	18,652	13,743
敷金･保証金	5,220	5,220	5,498	5,659	5,453	5,360	5,312	5,312
保険積立金	0	0	0	0	173	2,423	4,501	6,578
繰延資産	0	0	5,500	8,089	0	2,150	0	0
開発費	0	0	5,500	8,089	0	2,150	0	0
資 産	1,673,447	1,640,583	1,769,341	1,914,097	2,140,903	2,212,083	2,436,175	2,428,961
流動負債	287,472	187,829	174,005	234,346	250,557	214,080	310,817	264,491
支払手形	66,525	6,162	0	0	0	0	0	0
買掛金	162,206	127,094	132,824	188,549	206,842	169,432	185,063	194,123
未払法人税等	2,500	6,000	11,000	15,000	15,000	15,000	80,000	50,000
その他流動負債	56,241	48,574	30,182	30,798	28,715	29,648	45,754	20,367
固定負債	1,148,172	1,144,438	1,182,143	1,103,841	1,158,648	1,114,250	934,536	655,548
長期借入金	1,148,172	1,144,438	1,182,143	1,103,841	1,158,648	1,114,250	934,536	655,548
資本	237,803	308,315	413,192	575,910	731,697	883,754	1,190,822	1,508,922
資本金	45,600	45,600	45,600	45,600	45,600	45,600	45,600	45,600
資本準備金	0	0	0	0	0	0	0	4,500
利益剰余金	192,203	262,715	367,592	530,310	686,097	838,154	1,145,222	1,458,822
負債･資本	1,673,447	1,640,583	1,769,341	1,914,097	2,140,903	2,212,083	2,436,175	2,428,961
売上高	1,208,499	1,498,273	1,423,684	1,529,358	1,567,277	1,734,706	2,213,124	2,308,402
売上原価	846,742	1,030,255	1,184,558	1,215,158	1,256,281	1,428,079	1,651,880	1,709,015
販売費及び一般管理費	342,505	407,639	136,065	160,563	212,296	244,148	320,742	317,246
営業外収益	184,032	167,567	162,902	144,223	199,600	241,520	219,406	234,222
営業外費用	149,764	152,873	156,525	130,583	137,952	147,383	148,280	191,423
経常利益	53,519	75,073	109,437	167,277	160,347	156,616	311,628	324,940
純利益	53,519	75,073	109,437	167,277	160,347	156,616	311,628	324,940

注1)棚卸資産には肥育牛,半製品,貯蔵品が入る。
　2)その他流動負債には未払金,未払費用,預り金が入る。
　3)J牧場の損益計算書は「特別損益」の項目がないので経常利益と純利益は等しくなる。

次に表5－13，表5－14，図5－5により，J経営のキャッシュフローのうごきをみる。まず，生産キャッシュフローはすべての期でプラスである。ただ肥育牛に代表される棚卸資産の増加（1億3,000万円）により1997年は7,000万円，1998年は6,475万円のマイナスとなる。しかし，その後は数億円規模の純利益の発生と棚卸資産の売却を通じて，キャッシュフローはプラスとなっている。2000年以降は高い純利益の発生，棚卸資産の回転が好調であったため6億円以上に達している。

投資キャッシュフローは，多額の乳牛導入や牛舎施設の投資が行われ，すべての期でマイナスとなっている。特に，2000年の3億5,000万円規模の投資は乳牛導入が主たるものであった。この1年間で搾乳牛が180頭増え，乳牛導入による確実な収入源の確保により，経済力を飛躍的に培ってきた。また，経済余剰としてとらえられるフリーキャッシュフローは1億円規模の投資が行われた1994年，1996年，1998年以外はすべてプラスである。2001年にはフリーキャッシュフローで4億円にも達する勢いである。

財務キャッシュフローをみると，マイナスで計上されている年があり，2000年は1億6,360万円，2001年では約3億円ほどである。事実，長期の固定負債は1999年11億円から2001年6億5,000万円の約半分にまで減っている。この償還力は生産キャッシュフローを充分に生み出した多額の純利益の発生にある。このような償還力は財務の安定性を示すものといえよう。

最後にキャッシュ増減額をみると，多額の長期借入金の償還にもかかわらず，フリーキャッシュフローが累積的に増加したため，キャッシュが大きく増えている。特に2001年はフリーキャッシュフローが約4億1,486万円に達し，負債償還により財務キャッシュフローが約3億円のマイナスにもかかわらず1億円1,498万円のキャッシュが生じている。

経営指標をみると，資本利益率や売上高利益率の収益性は向上している。売上高利益率は1999年の7.7％から2001年は14.1％の上昇である。安全性指標は1999年から1億円以上のフリーキャッシュフローが発生したことで，自己資本比率は1996年から2001年までに23.4％から62.1％に，売上高負債比率は95.3％から39.9％に向上している。

以上，J経営のキャッシュフロー分析による結果を考察すると，J経営は，肉用肥育部門から主体を酪農部門へ徐々にシフトさせてきた乳肉複合経営としての規模拡大過程がみられた。1994年から2001年の間で売上高は，12億円から23億円と倍増に，純利益は5,300万円から3億円と約6倍にまで増加している。フリーキャッシュフローは1994年に2億5,000万円のマイナスであったが，2001年には4億円まで増加している。また，負債は1994年の11億4,000万円を最高に2001年には6億円までに減少させた。このように高収益性と財務の安定化を実現している。

J経営の規模拡大による高収益と，健全な財務の良好な経営状態に至る要因は主に2つあげられる。1つは安定的な収益が期待できる酪農部門を導入し，事業内部で拡大させてきたことである。いままでの主体部門は肉牛肥育であったが，家畜の市況から個体販売価格の変動が大きいことで不安定な収益構造であった。酪農部門の導入により乳価という，より安定した価格条件によって，生乳生産量の増加による高収益が可能となり，そこから得られた純利益や経済余剰がキャッシュフローの増加をもたらしたといえる。またJ経営がより高い生産力を発揮できた技術的条件として，25頭ダブルのパーラによる1日3回搾乳や，コンピュータによる繁殖管理を含めた合理的な飼養管理が，直接，稼働率の上昇や生産性向上に寄与し，安定的な価格条件が功を奏することで飛躍的な収益向上へと結びついたと考えられる。2つはJ経営の経営者たちの経営管理能力である。経営者は生産コストと運転資金のうごきを重視した経営管理を行っている。生産コストの中でも特に，飼料費と人件費に注意している。人件費は固定費用に関わり，年間の支払計画が立てやすく，労賃体系の異なる従業員とパート労働の労働力の最適配分が可能で費用をコントロールできる。飼料費については，ロット単位で購入することにより飼料メーカーとの価格交渉が可能なことから交渉による飼料単価

表 5-13　J経営のキャッシュフローの推移

（単位：千円）

	1994 16期	1995 17期	1996 18期	1997 19期	1998 20期	1999 21期	2000 22期	2001 23期
Ⅰ生産活動によるキャッシュフロー区分								
税引前当期純利益	53,519	75,073	109,437	167,277	160,347	156,616	311,628	324,940
減価償却費	34,839	47,916	50,246	51,866	64,528	73,989	106,491	105,397
支払利息	54,486	47,561	37,697	34,855	32,188	31,057	29,367	19,850
売上債権の増減額	-17,034	-15,656	-72,498	-51,803	78,228	-20,035	-48,208	-62,799
棚卸資産の増減額	-132,681	191,951	6,969	-70,810	-64,755	5,808	158,330	360,968
その他流動資産の増減額	0	0	0	0	0	0	0	0
仕入債務の増減額	43,405	-95,476	-432	55,725	18,294	-37,410	15,632	9,060
その他の増減額	-9,405	-2,296	1,880	-73	-3,035	2,326	-4,259	4,909
小　計	27,130	249,073	133,298	187,038	285,795	212,350	568,981	762,324
支払利息の支払額	-54,486	-47,561	-37,697	-34,855	-32,188	-31,057	-29,367	-19,850
法人税等の支払額	-3,022	3,500	5,000	4,000	0	0	65,000	-30,000
生産活動によるキャッシュフロー①	-30,378	205,012	100,601	156,183	253,608	181,294	604,614	712,475
Ⅱ投資活動によるキャッシュフロー区分								
有価証券の増減額	0	0	0	0	-1,850	-10,000	-2,200	0
有形固定資産の増減額	-227,331	-113,027	-145,810	-56,286	-238,478	-139,872	-157,987	-149,561
無形固定資産の増減額	-72	0	0	0	0	0	0	-72
出資金の増減額	0	-300	-2,122	-993	-1,000	-57	-550	-18,600
短期貸付金の増減額	3,021	3,882	5,321	-315	-88,216	77,145	-193,852	-127,303
その他の増減額	300	0	-278	-161	33	-2,157	-2,029	-2,077
投資活動によるキャッシュフロー②	-224,082	-109,445	-142,890	-57,755	-329,510	-74,941	-356,618	-297,613
フリーキャッシュフロー　①+②	-254,460	95,567	-42,288	98,428	-75,903	106,352	247,996	414,862
Ⅲ財務活動によるキャッシュフロー区分								
短期借入金の純増減額	-8,074	-7,667	-18,392	616	-2,083	933	16,106	-25,386
長期借入金の増減額	243,293	-3,733	37,705	-78,302	54,807	-44,398	-179,714	-278,988
その他の増減額	0	0	0	0	0	0	0	4,500
財務活動によるキャッシュフロー③	235,220	-11,400	19,313	-77,686	52,725	-43,465	-163,608	-299,874
キャッシュ増減額　①+②+③	-19,240	84,167	-22,975	20,742	-23,178	62,887	84,388	114,987
キャッシュ期首残高	36,274	17,034	101,201	78,225	98,967	75,789	138,676	223,064
キャッシュ期末残高	17,034	101,201	78,226	98,967	75,789	138,676	223,064	338,051

注）キャッシュフロー計算書の作成には部分的に,作成ソフトのPuzzleRings社「キャッシュフローv2.2」を用いた。

が決定できる。さらに牧場経営の飼養状況や特性が加味された指定配合の調達が可能となる。このように価格と乳牛の栄養双方に大規模経営の特徴を生かした安定的な飼料調達を実現している。運転資金の維持についてはＪ経営の代表者が卸会社や肉用肥育経営のときからそのノウハウが培われたものと解釈できる。

第５節　超大規模酪農経営の資金循環

表５－１５には両経営の経営財務において，キャッシュの増減に大きく関わる項目をあげた。各活動のキャッシュフローの増減を担うものとして，生産キャッシュフローから当期純利益と減価償却費，投資キャッシュフローから有形固定資産，財務キャッシュフローから長期借入金をあげた。

それらキャッシュフローの増減が期中キャッシュの発生と損失に関わり，発生したときはその額が期首残高に加算され，逆に損失したときは減算されて期末残高が計上される。Ｓ経営は固定資産の取得による投資キャッシュフローのマイナスが特徴である。一方，Ｊ経営では1994年から1996年までが固定資産取得，1997年以降は高収益性による純利益の発生により生産キャッシュフローがプラスとなっていることが特徴である。背景として，Ｓ経営は設立後の拡大過程の年数が短く，土地や施設などインフラの資本投下を主体として行っていること。そのときの主たるキャッシュは生産キャッシュフローの減価償却費と，財務キャッシュフローの長期借入金から生み出されている。そもそも減価償却は有形固定資産の取得原価をその耐用年数にわたって費用として配分するとともに，資産の貸借対照表の価額だけ減少させていく会計上の意味を有する[23]。Ｊ経営について，1994年は借入金に依存したキャッシュの発生であった。1999年以降は固定資産の取得による投資キャッシュフローと，借入金の償還による財務キャッシュフローのマイナスが生じたにもかかわらず，それを多額の純利益と減価償却費でまかなうことで，１億円から３億円規模のキャッシュを生み出している。特に1995年と2001年は減価償却費を上回るキャッシュが実現していることから，減価償却費の内部留保が確認できる。

表 5-14　J経営の経営分析指標

	1994 16期	1995 17期	1996 18期	1997 19期	1998 20期	1999 21期	2000 22期	2001 23期
資本利益率 (%)	3.2	4.6	6.2	8.7	7.5	7.1	13.6	13.4
売上高利益率 (%)	4.4	5.0	7.7	10.9	10.2	9.0	15.0	14.1
資本回転率	0.7	0.9	0.8	0.8	0.7	0.8	0.9	1.0
自己資本比率 (%)	14.2	18.8	23.4	30.1	34.2	40.0	48.9	62.1
売上高負債比率 (%)	118.8	88.9	95.3	87.5	89.9	76.6	56.3	39.9
資本負債比率 (%)	16.6	23.1	30.5	43.0	51.9	66.5	95.6	164.0

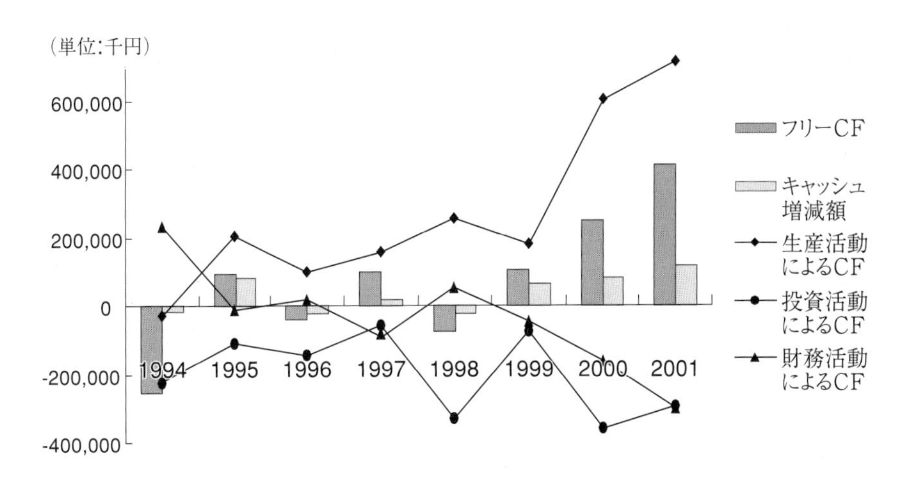

図 5-5　J経営のキャッシュフロー
注）CFはキャッシュフローを示す。

23 桜井[2001] を参照。

表 5-15　S経営とJ経営におけるキャッシュ増減

（単位：千円）

S経営	1994	1995	1996	1997	1998	1999	2000	2001	2002
キャッシュ期首残高	—	—	9,953 →	15,131 →	19,074 →	29,036 →	51,594 →	44,206 →	60,526
キャッシュ増減額		—	—	5,179	3,943	9,961	22,558	-7,388	16,320
				⇧	⇧	⇧	⇧	⇧	⇧
当期純利益		—	—	-1,418	-3,103	22,265	50,758	29,687	43,014
減価償却費		—	—	**47,047**	47,720	56,488	57,315	63,426	63,889
有形固定資産の増減額		—	—	-41,494	**-68,750**	**-75,981**	**-109,956**	**-86,356**	**-113,412**
長期借入金の増減額		—	—	0	6,333	20,408	34,211	12,313	-7,424
元金償還額		—	—	0	0	9,626	14,430	22,219	30,576

J経営	1994	1995	1996	1997	1998	1999	2000	2001	2002
キャッシュ期首残高	36,274 →	17,034 →	101,201 →	78,225 →	98,967 →	75,789 →	138,676 →	223,064 →	338,052
キャッシュ増減額		-19,240	84,167	-22,975	20,742	-23,178	62,887	84,388	114,987
		⇧	⇧	⇧	⇧	⇧	⇧	⇧	⇧
当期純利益		53,519	75,073	109,437	**167,277**	160,347	**156,616**	**311,628**	**324,940**
減価償却費		34,839	47,916	50,246	51,866	64,528	73,989	106,491	105,397
有形固定資産の増減額		-227,331	**-113,027**	**-145,810**	-56,286	**-238,478**	-139,872	-157,987	-149,561
長期借入金の増減額		**243,293**	-3,733	37,705	-78,302	54,807	-44,398	-179,714	-278,988
元金償還額		42,045	183,733	222,295	313,301	311,723	224,398	379,714	448,988

注）キャッシュ増減に大きな影響をもつものを太字で示した。

第６節　むすび

以上，飼養頭数規模を増やす外延的拡大を戦略とした超大規模経営を対象として，キャッシュフロー分析を試みることで，動態的な視点からキャッシュの増減とその要因を考察してきた。Ｓ経営とＪ経営は頭数規模の拡大のため，毎年新規投資や経営改善のための追加投資を行い，同時に多額の資金を調達してきた。資金調達の主たる方法は，外部資金に依存している。分析結果，超大規模経営では減価償却費による内部の自己資金効果も資金調達の役割を担っていることが分かった。また，両経営とも規模拡大の中で牛舎や堆肥舎などの施設投資を行うことで拡大の基盤を作り，これに付随して乳牛や機械の投資を行ってきた。農地に関わる投資は自給飼料の生産基盤を有するか否かのちがいに規定される。Ｓ経営は設立10年目と浅く，立ち上げから農地や自給粗飼料生産のための機械投資を中心に行ってきた。その結果，キャッシュの発生は生産キャッシュフローより財務キャッシュフローに依存していた財務構造であった。Ｊ経営はより収益の安定化が可能な酪農部門にシフトさせることで，回収の早い乳牛の導入を中心に，純利益を増加させることでキャッシュの発生を実現させていた。

結果から以下のことが明らかになった。１つは，規模拡大過程にある経営を時系列的に分析すると，従来の経営診断による利益中心の指標とキャッシュフロー分析によるキャッシュ指標には経営評価上で差が生じたことである。これは会計手法が発生主義か，現金主義に基づいて処理されるかどうかに関わることである。いくら高収益性を維持しても，現金が生み出されず償還能力が脆弱で多額の借入金に依存している経営は良好であるとはいい難い。このことから，外延的規模拡大経営のように多額の投資をともなう経営の評価するとき，収益性の他にキャッシュフローをベースにした財務の安定性を把握する分析方法が重要となる。また，両経営ともキャッシュフロー分析をベースとした財務管理を本格的には行っていないが，運転資金や資金繰りといった安全性に関わる指標を重視している。２つは，投資の順序がキャッシュの増減に深く関わっていることである。自給飼料生産を行うＳ経営に対して，Ｊ経営は購入飼料依存型経営で，乳牛の取得を主たる先行投資の対象としていた。Ｓ経営は自給飼料の生産を整えるために，優先的に農地や自給飼料生産に関わる機械に投資したが，酪農が迂回生産という性格を有することから，キャッシュの発生は借入金依存の財務キャッシュフローに深く関わっている。投資の回収や収益を高めるためには，Ｊ経営のように農地や機械への投資より，生乳が即収益の源泉となる乳牛への投資に重点をおいた投資が有効な戦略となる。特に，設立間もない共同化による超大規模経営にとって，財務状況を安定化させるには優先的に乳牛資本を投下することが必要となる。そのために自己経営内の乳牛増殖を図り，自家育成牛を中心とした飼養管理を充実させ，さらに積極的に乳牛導入による多頭化を進めることが必要となる。また，自給飼料生産を行う超大規模経営の場合，乳牛飼養に特化することで，粗飼料生産はコントラクタに委託するなど過渡的分業化も安定した財務状態を目指すためには必要な経営戦略として考えられる。

付記

本章で研究対象とした北海道サンエイ牧場（代表鈴木正喜氏）と栃木県のＪＥＴファーム（代表篠田修紀氏）から，多大な協力と研究成果として本書で掲載することに快諾をいただいた。謝意を表する次第である。

第6章　要約と結論

わが国の高度経済成長期以降，酪農経営は頭数規模の拡大と，高度な生産技術の導入による資本集約化によって個体乳量の向上を果たし，発展してきた。この発展の背景には酪農政策があり，構造政策による補助事業と補助残融資の金融政策がセットになった政策であった。この政策によって酪農主産地の北海道では多くの大規模経営が設立された。しかし，今後予想される乳価低下や飼料単価の変動のもとでは，生産者にとって生産コストや収益性に加えて安全性といった経済的指標を把握することが経営発展を図る上で重要になる。大規模化や規模拡大を目指す酪農生産者にとって，飼料生産から乳牛飼養・搾乳までの生産過程に関わる技術に適応しながら，より高い生産効率を追求することが課題となる。

負債の固定化は酪農経営を揺るがす大きな経営問題である。この問題の原因は，規模拡大路線を中心にした制度・政策，生産者の経営管理能力の欠如，農協の会計処理システムの内容が考えられ，国，生産者，指導機関それぞれのあり方である。特に大規模酪農経営の生産者は大型投資を行う上で多額の負債に依存してきた経緯があることから，徹底した財務管理を行わなければならない。しかし，財務管理に対する生産者の経営管理の優先度は低かったのが実態である。また北海道では生産者が融資する際，農協が窓口となることが多い。これは農協の会計システムである「組勘」が，家計収支と経営収支の一体化といった会計処理の性格を有するからである。そのことから営農指導や関連機関による酪農経営の評価の基準は，収益性や生産コストのうごきに集約してきたといえる。生産者の間では安全性に基づく経営の評価方法に価値を見出してこなかったと考えられる。

本論文では酪農経営における規模拡大過程において，生産者にとって財務状況を明確に把握できる安全性指標の意義と，そこで必要となる財務管理を視点に，２つの課題を設定し，統計や実態調査に基づいて解明した。

第１の課題は，酪農の経営診断・分析や農協取引の際に着目されてきた従来の評価方法の他に，大規模経営や規模拡大過程の経営にとって欠かすことのできない評価方法を検討することであった。その新たな評価方法として安定性指標に基づく評価をあげ,その意義を示すことであった。

第２の課題は，規模拡大の過程で生じる追加投資や資金の調達から償還までの循環過程で，安定した経営状態を保つための望ましい財務管理の方法，キャッシュフロー分析の有効性を明らかにすることであった。

以下，各章の要約と結論を述べる。

第２章では，北海道の酪農経営における財務データを根拠に成長過程をみた。自己資本成長率モデルを用いて資本構成であるレバレッジ比率と資産収益率から自己資本純収益率を算出し，そのうごきと与件に基づき成長過程を検証した。1960年から94年までの期間について，制度・政策，技術進歩，経済変動の与件として，純収益のうごきをもとに４つの局面に区分した。その結果，４つの局面から，レバレッジ比率を高めた負債依存が純収益率の上昇に直接結びつく局面，レバレッジ比率を低めたことで純収益性が上昇した局面，逆に負債依存により純収益率の低下やさらなる財務の不安定に至る局面が確認された。各局面における経済与件のもと，投資の意思決定において重要なことは，生産者が収益状況をふまえながら，自己資本と負債の適正化を吟味することである。そのためには財務の安定性指標を把握することが必要で，円滑な規模拡大を実行する上でも不可欠となる。さらに安全性指標に基づく経営評価や財務面からのアプローチで経営成長過程を検証する必要性を明らかにした。

第３章では，酪農総合研究所の酪農経営診断事業で用いられる個票データを用いて，主成分分析を試みながら得られた規模指標と収益性・安全性指標から，規模拡大による経営評価のあり方を検討した。規模拡大が進展する中で，その評価基準として所得率や利益率など収益性のうごきがいままで強調されてきたが，その他に自己資本や負債のバランスに基づく安全性のうごきも視野に入れて財務状況を把握する必要性を明らかにした。つまり，酪農経営は負債依存による債務超過の危険性や購入飼料価格の変動など市場経済に影響を受けやすいことから，経営的評価を行う上で収益性指標に加えて自己資本比率，流動比率，売上高負債比率，レバレッジ比率といった財務の安定性指標に基づく評価方法が必要となることを示した。特に規模拡大による低コスト化や経営効率の向上を実践して，さらにより安定的で持続的な経営基盤を築く上でも安全性指標による把握が重要となる。

第4章では，乳牛の遺伝的改良や飼料給与の飼養管理改善など資本の集約化によってもたらされた個体乳量（経産牛1頭当たり乳量）の向上を拡大要素とした経営（内包的規模拡大）を対象にした。逐次線型計画法を用いて，追加投資を行ったとき，経営に与える財務的影響について，資金繰りと資金調達から償還の財務構造を動態的に検討した。ここで扱った追加投資とは頭数規模を維持したままで，環境対策や経営改善を優先的に行う投資である。その投資に関わる新規資金調達と償還の財務状況，乳価水準，個体乳量，家計費の変動条件のもと，「売上高負債比率」のちがいでみた経営財務状況の健全さの程度が，経営財務にどれほどの影響があるのか検討した。分析結果から，売上高負債比率が100％を超える財務状態の場合に，さらなる追加投資を行うことで負債の固定化に陥る危険性が高くなることを指摘した。生産者は安全性指標に基づく財務管理によって，投資のタイミングを決定し，財務リスクを最小にする意思決定が必要となる。

第5章では，乳牛飼養を多頭化している外延的規模拡大経営を対象に，キャッシュフロー分析を試みることで資金繰りのうごきと経営財務の安定性との関わりを検討した。事例とした大規模経営は自給飼料生産の基盤を有する北海道の酪農専業経営（サンエイ牧場）と，農地基盤に欠けて購入飼料に依存している府県の酪農・肉用牛肥育の複合経営（ＪＥＴファーム）である。サンエイ牧場は地元農協の意向をふまえた営農活動や投資活動を行っている。その主たる取り組みとして，発生した離農跡地についてサンエイ牧場が優先的に購入することで，耕作放棄地の増加に歯止めをかけることである。そのため頭数と飼料作付面積の拡大がみられ，特に農地取得に関わる資金調達が目立っている。一方，ＪＥＴファームは収益を生み出す乳牛導入を先行的に投資しており，多額の資金調達とそれに対する確実な償還が実現し，財務状態の安定化がみられた。両経営ともに期中キャッシュを生み出していたが，サンエイ牧場は外部の資金調達による財務キャッシュフローに依存し，ＪＥＴファームは経済余剰や減価償却費など内部の資金調達によるフリーキャッシュフローに依存していることが明らかになった。さらにキャッシュフロー分析を試みた上で，得られた経営評価の結果と，従来の経営診断から得られる分析指標との間で，評価にちがいがみられた。従来の経営診断からみていくら良好な経営成果が得られても，キャッシュフロー分析でみる限りそれが必ずしもあてはまらないことが分かった。現金主義，キャッシュ発生，資金循環からとらえて，より精緻な安全性分析を行うとき，キャッシュフロー分析が有効であることを示した。

以上，本論文の課題に対する結論として，第１に規模拡大過程にある酪農経営を対象にした経営評価や経営の成長過程を分析するときに，収益性や生産性に基づく評価方法より財務の安定性に基づいた評価方法が有効で，経営者にとって，資金繰りや財務状況の把握といったファイナンスの視点が必要となる。第２は規模拡大基調の経営にとって不可欠な財務管理として，より財務の安定性を高めた状態を維持するために，投資の際に内包的規模拡大経営では売上高負債比率100％を決定規準とした意思決定，さらに外延的規模拡大経営では投資が生産増に直接結びつくように生産キャッシュフローを多く生み出す酪農生産の活動と，そのうごきを資金循環から把握することである。特に減価償却費は生産キャッシュフローの発生に大きな形成要因となる。この資金を次への発展投資にあてるか，農業経費に費やすか，あるいは借入金の償還にあてるか，その使途はいくつか考えられるが企業的な会計処理が必要となる経営にとって，一番望ましいのは次期投資の資金として自己資本にあてることである。

また財務管理を実践していく上で，重要なことは債務超過のリスクや要償還の償還義務の発生をいかにコントロールするかである。乳牛導入にあたって多額の短期資金を調達した事例経営では，財務リスクをあえて許容し，順調にキャッシュフローを発生させていった。今後の大規模酪農経営の存立や支援・育成を考える上で，このような経営の実態は経営成長と財務リスクの観点から示唆に富む事例といえる。このような飛躍的な規模拡大を図ろうとする経営に対しては，従来からの担保に基づく融資から，財務リスクを受け入れ，それを回避するため周到な財務管理を行う実践性を評価した人的側面に基づいた融資策が課題となろう。

酪農が国際競争力をつけて産業として発展し，経営が持続的な成長を遂げるには，経営の規模拡大や多角化による経営発展を可能とする条件整備が必要となる。生産者に対して従来からみられた補助事業の構造政策の講じ方で，大型牛舎や搾乳施設や機械装備といった資本形成と条件整備を進めるより，生産者・経営者の高度な酪農技術への適応力，投資の経済性や資金繰りを見定めた財務管理能力の向上を助長するための教育など人的資本の充実を重視する必要がある。

参考・引用文献

〔1〕赤石雅弘・小嶋博・榊原茂樹・田中祥子（1994）『財務管理』，有斐閣ブックス，pp.177－210．

〔2〕天野哲郎（2000）『農業経営のリスクマネジメント－畑作・露地野菜作経営を対象として－』，農林統計協会，pp.155－207．

〔3〕新井肇（1984）「畜産の経営管理」島津正・小沢国男・渋谷佑彦編著『畜産経営学』，文永堂出版，pp.109－128．

〔4〕新井肇（1989）『畜産経営と農協』，筑波書房，pp.133－152．

〔5〕新井肇（1995）『実践農業経営診断』，全国農業会議所．

〔6〕新井肇・天間征・畠山尚史（1997）『酪農経営法人化のすすめ』，酪農総合研究所．

〔7〕浅見淳之（2000a）「園芸経営の発展と投資・資金管理問題」稲本志良・辻井博編著『農業経営発展と投資・資金問題』，富民協会，pp.140－156．

〔8〕浅見淳之（2000b）「農業経営発展における資本構成とエージェンシー関係」松田藤四郎・稲本志良編著『農業会計の新展開』，農林統計協会，pp.299－315．

〔9〕坂内久（2000）「大規模農業経営体の特質と資金利用をめぐる問題」『農林金融』53（9），農林中央金庫．

〔10〕Barry,P.J, J.A.Hopkin and C.B.Baker(1979)『Financial Management in Agriculture』(second edition), The Interstate Printers & Publishers,Inc,Illinois.

〔11〕中央畜産会（1999）『畜産経営分析基準に関する調査研究報告書』(新農政推進等調査研究事業）．

〔12〕Donald,D.Osburn, Kennth,C.Schneeberger(1983)『Modern Agricultural Management -A systems Approach to

Faming』(second edition), Reston Publishing company, Inc. A Prentice - Hall company.
〔13〕荏開津典生・茂野隆一（1984）「酪農の生産関数と均衡賃金」『農業経済研究』55（4）.
〔14〕E.Solomon（1963）『The Theory of Financial Management』,N.Y.
〔15〕藤井陽子・近藤巧（2001）「北海道における酪農の総合生産性と草地需要に関する分析」『農経論叢』（57），pp.45－56.
〔16〕濱本泰（1978）「資本調達構造の変化と財務体質の改善」森昭夫・後藤幸男・小野二朗『最適経営財務』，有斐閣，pp.179－193.
〔17〕原田節也（1990）『農業経営発展と計画・管理』，富民協会.
〔18〕畠山尚史・清家昇（2003）「超大型酪農経営における技術適合のケーススタディ」『畜産の研究』57（9），養賢堂，pp.993－997.
〔19〕畠山尚史・志賀永一（1998）「家族経営型法人における労働力調達と経営展開」『農経論叢』（54），pp.155－165.
〔20〕平井謙一（2002）『財務諸表による企業分析と評価』，生産性出版，pp.168－275.
〔21〕堀尾房造（1980）「資金の調達と管理」児玉賀典編『農業経営管理論』，地球社，pp.170－197.
〔22〕日暮賢司（1985）「固定化負債累積のメカニズムとその防止に関する考察－長野県伊南農協の畜産に関する事例を中心に－」『農村研究』（60），pp.107－118.
〔23〕家常高（1993）『農家の農業投資と経済性－北海道農業を背景とした－』，養賢堂，pp.5－20.
〔24〕市村誠（1996）「わが国企業のフリー・キャッシュフローとコーポレート・ガバナンスに関する一考察」柴川林也編著『経営財務と企業評価』，同文舘，pp.177－203.

〔25〕磯貝保（1998）『今こそ乳牛改良』，酪農総合研究所．
〔26〕八巻正（1993）「農業法人経営の経営管理」伊藤忠雄・八巻正編著『農業経営の法人化と経営戦略』，農林統計協会，pp.15－77．
〔27〕岩崎彰（1999）『キャッシュフロー計算書の見方・作り方』，日本経済新聞社．
〔28〕Jock,R.Anderson, John,L.Dillon and J.Brian.Hardaker（1980）『Agricultural Decision Analysis』（second edition），Iowa State University Press．
〔29〕金澤夏樹（1986）『農業経営学講義』，養賢堂，pp.1－34．
〔30〕亀谷昰（2002）『農業における投資・財政・金融の基本問題－理論と検証－』，養賢堂．
〔31〕北倉公彦（2000）『北海道酪農の発展と公的投資』，筑波書房．
〔32〕駒木泰・天間征（1989）「北海道酪農の技術進歩に関する分析」『農経論叢』（45），pp.75－93．
〔33〕小山明宏（2001）『財務と意思決定』，浅倉書店．
〔34〕久保嘉治（1979a）『酪農の経営計画』，明文書房．
〔35〕久保嘉治（1979b）「農業経営の発展と資金」桃野作次郎編『農業経営要素論・組織論』，地球社，pp.110－116．
〔36〕久保嘉治（1983）「大規模経営成立の条件」『農業経済研究』55（3）．
〔37〕久保嘉治（2000）「家族経営の後退が進む酪農産業の再生を何処に求めるか」，酪農総合研究所ホームページ（http://www.rakusoken.co.jp）．
〔38〕熊谷宏（2000）「法人農業経営における資金管理の基本問題－重要性，方法，課題－」稲本志良・辻井博編著『農業経営発展と投資・資金問題』，富民協会，pp.97－116．
〔39〕熊野雅之（2000）「企業財務モデルとリスク・シミュレーション」『北星論集（経）』（37），pp.1－18．

〔40〕熊野雅之（2001）「財務管理の経営科学」『北星論集（経）』（39），pp.75－91.
〔41〕黒河功（1991a）「大規模稲作地帯における負債問題と家族経営の展開条件」中澤功編『家族経営の経営戦略と展開方向』，北農会，pp.6－16.
〔42〕黒河功（1991b）「負債の累積構造と克服の条件」牛山敬二・七戸長生編著『経済構造調整下の北海道農業』，北海道大学図書刊行会，pp.385－395.
〔43〕黒河功（1979）「主成分分析による経営変動パターンの析出と診断」『農経論叢』（36），pp.1－12.
〔44〕前川南加子・野寺大輔（2002）『キャッシュフロー経営の基本』，日本経済新聞社.
〔45〕丸山明（1994）「北海道酪農における規模の経済性」『酪農生産構造の動学的予測』，平成4年度科学研究費補助金研究成果報告書（長南史男代表）北海道大学農学部，pp.21－37.
〔46〕松原茂昌（1972）「牛乳生産構造の経済分析」『現代農業経営経済新説』，養賢堂，pp.299－314.
〔47〕松原茂昌（1974）「酪農経営の発展と投資」西垣一郎編『農業経営と規模拡大』，明文書房，pp.182－198.
〔48〕森佳子（1996）「企業的肉用牛経営における資金管理に関する研究」『日本農業経済学会論文集』，pp.155－160.
〔49〕森島賢（1978）「主成分分析法による農業経営の診断」『応用統計ハンドブック』，養賢堂，pp.365－377.
〔50〕守屋俊晴（1994）『企業会計の理論と実践』，中央経済社.
〔51〕諸井勝之助（1995）『経営財務講義』（第2版），東京大学出版会.
〔52〕中沢恵・池田和明（1999）『キャッシュフロー経営入門』，日本経済新聞社.

〔53〕中島明郁（1983）『農村金融統計の見方・使い方－農協・農業金融概論－』，農林統計協会，pp.45－67.
〔54〕中島明郁・高橋五郎（1987）『農協の畜産金融：農家負債問題と農協の反応』，全国協同出版.
〔55〕中原准一（1984）「北海道酪農の存立条件」湯沢誠編『北海道農業論』，日本経済評論社，pp.307－326.
〔56〕中原准一（1985）「農民的酪農の展開と負債問題」美土路達雄・山田定市編著『地域農業の発展条件』，御茶の水書房，pp.321－358.
〔57〕南石晃明・阿部純也・平石武・相原貴之（2002）「農業経営計画における生産計画と財務分析の統合－生産計画と連動した法人経営財務諸表の推定手法－」『農業経営研究』40（2）.
〔58〕並木健二（1995）『日本型生乳生産調整計画の進路』，酪農総合研究所.
〔59〕新山陽子（1997）『畜産の企業形態と経営管理』，日本経済評論社，pp.30－96.
〔60〕新山陽子（2000）「法人畜産経営の発展過程における資金管理の特質と考え方」稲本志良・辻井博編著『農業経営発展と投資・資金問題』，富民協会，pp.157－180.
〔61〕西村博行（1969）『農業会計－史的展望と現況－』，明文書房.
〔62〕農林省草地試験場（1997）「資源循環を基本とした乳牛の群管理飼養に関する研究会資料」.
〔63〕奥野忠一・芳野敏郎・久米均・吉澤正（1971）『多変量解析法』，日科技連.
〔64〕扇勉・志賀永一・酪総研共編著（2001）『乳牛の供用年数を考える－その実態と決定要因－』，酪農総合研究所.
〔65〕折登一隆（2001）『低投入酪農の経済分析』，学位請求論文，北海道大学大学院.
〔66〕酪農総合研究所（1986）『成功酪農家の生き方，考え方』，酪農総

合研究所.
〔67〕桜井久勝（2001）『財務会計講義』（第3版），中央経済社，pp. 45－86.
〔68〕佐々木東一（1986）「乳牛複合経営における施設投資の経済性」『農業経営研究』24（1）.
〔69〕佐々木東一（1994）「大規模畑作経営における機械施設の経済性」久保嘉治・永木正和編著『地域農業の活性化と展開戦略』，明文書房，pp.273－294.
〔70〕清家昇・畠山尚史（2002）『酪農メガファーム－その躍進と可能性をさぐる－』，酪農総合研究所.
〔71〕七戸長生（1988）『日本農業の経営問題』，北海道大学図書刊行会，pp.188－209.
〔72〕須藤純一（1999）「負債返済の方法とポイント」堀内一男監修『酪農経営のチェックマニュアル』，酪農学園大学エクステンションセンター，pp.103－112.
〔73〕高橋善一郎監修（1992）『財務リスクマネジメント－為替･金利･先物･新金融取引と会計－』，中央経済社.
〔74〕高野信雄（1995）『もうかる酪農経営－輸入粗飼料と粕類の上手な活用編－』，酪農総合研究所.
〔75〕高野信雄（2003）『高泌乳牛の多頭数飼養技術の実際』，酪農総合研究所.
〔76〕天間征（1968）『近代化の為の農業経営』，明文書房.
〔77〕天間征（1975）『定量分析による農業経営学』（第5版），明文書房.
〔78〕天間征（1983）「北海道酪農経営の風雪30年」『長期金融』（61），農林漁業金融公庫，pp.54－69.
〔79〕天間征（1990）「農業経営発展と資金問題」『農業経営研究』27（3）.
〔80〕Tom Copeland, Tim Koller, Jack Murrin（1995）『VAL-

UATION－measuring and managing the value of companies－』,McKinsey & Company, Inc（伊藤邦雄訳(1999)『企業評価と戦略経営－キャッシュフロー経営への転換－』, 日本経済新聞社）.
〔81〕常秋美作（2000）「農業生産法人の会計問題」松田藤四郎・稲本志良編著『農業会計の新展開』, 農林統計協会, pp.60－78.
〔82〕土田志郎（1997）『水田作経営の発展と経営管理』, 農林統計協会, pp.239－264.
〔83〕鵜川洋樹（1998）「北海道酪農の収益構造と経営展開」『農業経済研究』70（1）.
〔84〕梅本雅（1997）『水田作経営の構造と管理』, 農林水産省農業研究センター.
〔85〕宇佐美繁（1985）「草地酪農の資本形成の生産力構造」美土路達雄・山田定市編著『地域農業の発展条件』, 御茶の水書房, pp.263－319.
〔86〕Warren,F.Lee, Michael,D.Boehlje, Aaron,G.Nelson, William,G.Murray（1988）『Agricultural Finance』（eighth edition）, Iowa State University Press.
〔87〕八木宏典（2003a）「新しい農業経営の国際的位置」日本農業経営学会編『新時代の農業経営への招待―新たな農業経営の展開と経営の考え方―』, 農林統計協会, pp.53－72.
〔88〕八木宏典（2003b）『農業経営管理論－アメリカの実践的農業経営マニュアル－』, 農林統計協会, pp.78－118.
〔89〕山田定市（1984）「酪農政策の展開課程」美土路達雄・山田定市編著『地域農業の発展条件』, 御茶の水書房, pp.49－95.
〔90〕山本康貴（1991）「酪農における生産性向上と国際化対応への課題」黒柳俊雄編著『農業構造政策―経済効果と今後の展望―』, 農林統

計協会, pp.125－138.
〔91〕山本康貴（1994）「個別経営間における生産費格差とその要因－北海道酪農の費用効率分析－」『農業経済研究』66（3）.
〔92〕山本康貴（1996）「個別経営間の生産性格差とその要因－北海道酪農の粗飼料生産における技術効率分析－」『北海道農業経済研究』5（2）, pp.50－63.
〔93〕山尾政博（1981）「北海道における「組合員勘定制度」の成立と展開」『農経論叢』（37）, pp.105－128.
〔94〕柳井晴夫・高根芳雄（1977）『新版多変量解析法』, 朝倉書店, pp.86－98.
〔95〕横溝功（1988）『畜産経営負債論』, 明文書房, pp.183－206.
〔96〕横溝功・本松秀敏（1993）「資金循環を考慮した酪農経営規模拡大モデル」『農業経営研究』31（2）.
〔97〕吉野宣彦・志賀永一（1994）「大規模酪農経営における経営再編に関する一考察－北海道・根釧における経営『縮小』の集団的取り組みを対象に－」『農経論叢』（50）, pp.205－221.

補論１　「超大型酪農経営の経営実態—北海道の事例—」[1]

１．はじめに

近年にみられる酪農情勢を取り巻く急激な環境変化により，多様な経営形態が生まれている。低投入による放牧主体の経営や労働のゆとりを目指した搾乳ロボット導入の経営や雇用労働を利用した多頭数飼養の企業的経営など様々である。ただ，その中で規模拡大の様相は見逃せなく，各種統計資料をみても如実に物語っている。とくに企業的経営による超大型酪農経営（通称はメガファーム）は地域経済や酪農産業の発展への活路を見出す可能性として注目されている[2]。このようにわが国酪農を自給率の高い産業として位置づけ，かつ産業規模を維持するには，いままでの大型経営を越える超大型経営の創設が重要課題であるといえる。

このような酪農の生産構造が急展開を遂げている昨今，われわれは酪農経営の大規模化に着目し，はたしてどれほどの規模まで進んでいるか，その実態を把握するため調査研究に取り組んだ。また，経営が大規模化していくと経営管理能力が不可欠となり，能力の格差がコストや収益に大きく影響することが考えられることから，マネジメントの領域にまで広げて検討した。超大型酪農経営の進展に対しては，賛否両論の声がある。とくに否定的見解の大半は，農協を始めとした地域農業関連団体とうまく調和していけるのか，周辺の中小規模の農家にとって，脅威な存在とならないかなどである。しかし，われわれが調査してきた中では，このような見解を覆す結果がみられた。それは地域振興のために共存共栄に取り組む姿であった。

---

[1] 本論文の出所は『畜産の研究』第56巻・第３号，2002年。清家昇氏との共同研究の成果である。本特別選書への掲載を承諾いただいた養賢堂に感謝の意を表したい。

[2] 天間征[2001]「メガファーム」『畜産の研究』第55巻・第３号，養賢堂.

このような視点から，本稿では北海道における超大型経営を対象に，経営管理の側面と地域との関わりの実態を考察する。

2．進展する大規模経営

統計データから大規模化へと進展する生産構造の変化をみてみる。表1には乳用牛飼育頭数規模別戸数の推移とその年率（増減の変化割合）を示した。1993年から2001年にかけて，100頭以上階層以外の全ての階層で減少傾向にあり，しかも小規模層になるほど，大きく減少していることがわかる。一方，100頭以上の階層は年率15.1％と高い増加を示している。このように大規模化への階層分解は，離農の増加から潜在的に損失した乳量を，大規模層がカバーするというプロセスが考えられ，わが国生乳生産力の向上のために望ましいことである。次にここで扱う超大型酪農経営について，その定義も含めて考えてみる。酪農総合研究所では年間生乳生産量が3,000トン以上，ホクレンでは1,000トン以上としていることなど，その捉え方がさまざまである。米国ではおおよそ経

表1　乳用牛飼養頭数規模別飼養戸数

（単位:戸）

年次	飼養戸数	成畜頭数規模 1～9頭	10～19	20～29	30～39	40～49	50～99	100頭以上
1993	50,500	9,220	9,840	8,800	7,590	5,610	7,070	440
1994	47,200	8,220	8,560	8,260	7,210	5,580	7,330	550
1996	41,300	5,830	7,290	7,170	6,600	5,390	7,330	690
1997	39,100	5,170	6,570	6,630	6,340	5,170	7,470	800
1998	37,000	4,230	6,170	6,220	6,130	4,840	7,510	950
1999	35,100	3,960	5,780	5,810	5,550	4,550	7,560	1,080
2001	32,200	3,360	4,910	5,560	5,110	3,970	7,010	1,360
年率(%)	▲5.5	▲11.9	▲8.3	▲5.6	▲4.8	▲4.2	▲0.1	15.1

出所）「ポケット農林水産統計」(農林水産省統計情報部）
注1）1995年と2000年は農業センサスを実施のため省略。
2）年率とは伸び率のこと。
3）各年2月1日現在

産牛500頭以上がメガファームと称される[3]。

3．超大型酪農経営の形成過程

表2は調査した10経営の超大型酪農経営の概況を示した。経営形態をみるとすべてが法人経営であった。これは大規模経営において，法人化することで，制度上の各種優遇措置を考えた場合，一層のメリットとなることによるものと解釈される。経産牛1頭あたりの乳量は9,000kg以上が多く，平均と比べて高い水準である。これは10経営中5経営が3回搾乳を実施していることに起因している。次にこれら超大型酪農が形成されたプロセスについてみてみる。

AS農場は1960年代の基本法農政により助長された共同経営を規範に設立された。構成員は兄弟同族による血縁的組織である。KA牧場は家族経営の延長として，雇用労働力の導入，頭数規模の拡大を段階的に図っていった。スケールメリットの追求をインセンティブとした拡大である。SA牧場は3戸農家による構成である。設立の動機は各農家の機械施設が更新時期を迎えており，新規投資するかどうか躊躇していたとき，経営を共同化することでこの問題を解決していったことであった。HO牧場は4戸の構成による共同経営である。設立前は各戸がデントコーンの収穫機械利用組合に属していて，省力化や作業の効率化を享受していた。機械施設の更新から，新規投資には資金面での問題も生ずることもあり，経営を共同・組織化することで一層の合理化を目指した。OG牧場は乳肉複合経営である。元来は肉用肥育一貫経営であったが，素牛供給の手段として，酪農部門を導入し拡大していった。SS牧場は6戸からなる共同経営である。機械利用組合（トラクタ）がこの牧場の前

[3] 久保嘉治[2000]「家族経営の後退が進む酪農産業の再生を何処に求めるか」酪農総合研究所HP（http://www.rakusoken.co.jp）今月の酪農アンテナ10月.

表2　超大型酪農経営の概況

牧場名	AS 農場	KA 牧場	SA 牧場	HO 牧場	OG 牧場	SS 牧場	YO 牧場	HA 牧場	FU 牧場	TO 組合
経営形態	農事	有限	農事	有限	有限	農事	農事	有限	有限	農事
労働人員	6	7	14	10	20	12	12	7	14	13
土地面積(ha)	160	240	290	135	150	220	200	120	100	280
経産牛頭数	280	360	550	440	370	600	480	320	270	337
生乳生産量(トン)	2,627	2,674	4,813	3,777	2,400	4,787	3,859	3,045	2,557	2,988
個体乳量(kg/1頭)	10,000	10,000	8,076	9,500	7,000	9,200	9,000	9,686	9,800	8,609
乳脂肪率(%)	4.0	3.8	3.9	3.8	3.7	4.2	3.7	4.3	3.8	3.5
無脂固形分率(%)	8.8	8.9	8.9	8.8	8.8	8.8	8.6	8.8	8.8	8.8

注1）調査は2000年～2001年にかけて実施。
2）農事は農事組合法人,有限は有限会社を意味し､労働人員は構成員と従業員からなる。

身である。その利用組合が基本となり，共同組織化した。YO牧場は4戸からなる共同経営である。前身は機械利用組合であった。経営の合理化，高生産力を目指し，より安定的な経営を目指しての共同化である。HA牧場は2戸による共同経営である。設立前はトラクタ共同利用組合で，牧草とデントコーンの収穫作業の完全共同を行っていた。さらなる労働体制の充実，定期的な休日などを目指しての共同化であった。FU牧場は家族型の個別経営である。豊富な土地資源を充分に活かすには，規模拡大が最善の戦略であるとみていた。雇用労働力を入れながら徐々に頭数規模を拡大していった。TO組合は共同経営である。発端は1960年代の農業構造改善事業と道営開拓パイロット事業による40戸の構成員からなる組合であった。構成員の離脱もあり，現在は13人の構成員からなる。

以上，大規模化への形成をプロセスでみた場合，2つに類型化される。1つは家族経営から飛躍的に規模拡大し，法人化，雇用労働の受け入れを果たしたケースである（3経営）。その経営の特質は，離農者や零細高齢農家を吸収合併する形で規模を拡大していった経緯がある。2つは任意組合や営農集団が基本となり、共同経営に発展したケースである（7経営）。

4．経営管理と重要な財務指標

超大型酪農経営が発展・存続するためには，経営者自身が備えるべき要件として，多頭数飼養管理技術の適用能力，多額の資金を扱うことから資金繰りの徹底や経営の計数化による財務管理，雇用労働力の導入から従業員への動機付けがともなう労務管理，さらには堆肥など副産物の販売管理などを含めたトータル的なマネジメント能力が必要となる。また，外部機関との取引における交渉力や，天候や経済市場の価格変動などを考慮したリスク管理も必要になる。ここでは超大型酪農の経営者がどのような財務管理を行っているかについて注目し，検討する。表3には各調査経営体の財務管理対策として，着目する診断項目について示した。ほとんどの調査事例で具体的な財務管理の内容は税金申告との関わりから税理士や会計士に依頼しているのが現状である。このことは後ろ向きにとらえがちだが，税法が頻繁に改正されることを考えると，完全に委託するケースは妥当な選択と思われる。経営改善についても，独自で行うことはなく，税理士からのコンサルタント（指導助言）を得ながら改善に役立てている。

経営者が着目する診断項目（指標）に関しては，多くの経営がコストの把握を重要視している傾向がみられた。その中でも特に気をつけてみる費目には，飼料費と人件費，あるいはランニングコストをあげていた。その他，負債額，売上高伸び率（成長率），運転資金，実績と計画との差などである。

以上から超大型酪農経営でみられる財務管理の特徴として，徹底したコストの把握，収益の伸び率の実績など，経営収支のバランスの見極めや，負債や運転資金など経営の安定性を考慮していることがあげられる。また，飼料など市況変動という経済の外的要因や大規模化に伴う大型施設への投資と負債との関係を考えれば，経営の財務的意思決定の重要性は増す。

5．経営体の地域貢献

基本的な農業問題の１つとして，過疎化や人口の高齢化による地域農業振興の停滞があげられる。経営者にとっても地域振興に向けた取り組みを自己経営の発展と平行に行うことが課題である。一部の牧場が栄えて，地域農業が衰退することだけは極力避けなければならない。その点，超大型経営は地域経済に大きな影響を有する存在となりつつある。当初からわれわれが抱いている超大型経営の展望として，経営者が企業的経営を展開する中で地域を包含したリーダー的存在となり，地域貢献をして行く姿である。そこでは点的な大規模企業的経営の育成でなく，地域発展に根ざした面的な広がりを持った経営体の在り方である。

今回調査した中でも，地域農業への貢献や振興に立脚した経営展開がみられた。それらの事例をあげてみたい。AS 農場が農場の大規模化，さらには法人経営を行うことは町内では最初の試みであった。この農場を先駆けとして，町内に大型経営（法人）が次々と創設されている。その経緯をみても，AS 農場はリーダー的な存在であった。当時から大量の生産資材購入や資金調達を農協間で取引が行われている。農協にとってもこの牧場は重要な購買入先（顧客）である。また，町の生乳生産力アップにも貢献している。KA 牧場は町内の酪農生産力アップに貢献したことは勿論のこと，規模拡大過程の中で，離農跡地を買い取ることで，耕作放棄地の対策に貢献している。SA 牧場は，設立の理由の１つに地域農業への貢献を考えたという。その考え方から構成員や従業員の作業労働の余力を活かして，別会社の労働支援組織を設立して，コントラクタの機能を有し，地域酪農家の労働力をサポートしている。農協からの飼料や資材の購入や，育成牛の町営公共牧場への預託，従業員や実習生の参画など町にとってもメリットとなっている。HO牧場は町内にある他の大型経営と情報のネットワーク関係を築き，緊急時の町内中小規模の酪農家への労働作業を支援している。土地が余剰の農家から栽培受託するなど，農地の有効利用を行っている。OG牧場は畑作農業地帯として特徴がある町の農業生産に対して，一定の生乳生産量を確保している。多くの従業員が経営に参画していることから，雇用確保に貢献している。飼料作物の生産を積極的にコントラクタに依頼し，地域の既存組織と協力関係を保っている。SS牧場は，飼料作作業には町内コントラクタを利用していること。農協から多くの飼料や資材を購入していることである。YO牧場は構成員も含め，この牧場が地域のリーダー的存在であること。町内中小規模農家の良き経営相談相手であること。農協から多くの飼料や資材を購入していること。この牧場が主体となっている粗飼料生産組合を通じて，地域中小規模の酪農家と労働作業支援などの関係を結んでいる。また，粗飼料自給率の向上のため，地域全体とした組織的な対応を行うことで貢献している。HA牧場は飼料作中心のコントラクタ部門をもうけて，周辺の中小規模農家のサポートを行っている。FU牧場はHA牧場と同様の飼料作中心のコントラクタによる地域農業への貢献している。農協から大量の飼料の購入や地元の酪農ヘルパー組合を利用していることなどがあげられる。ヘルパー組織の経営安定化に貢献している。TO組合は，別会社で全戸酪農経営（４戸）によって設立された共同育成牧場を運営している。育成牛はすべて，この牧場に預託して，育成部門を完全分業化し，生産組合自体の労力軽減が果たされている。また，この牧場の存在が構成農家・法人の育成飼養に関する情報交換の場にもなっている。その他の子会社は農作業の受託事業や生産活動を，さらには耕作放棄地の受け手となり町内農地を有効利用し，地域振興や地域農業問題の解決に寄与している。加えて農産物の加工販売を行う会社も設立している。

以上の実態調査から超大型経営が地域振興には欠かすことができない存在であり，その影響度や貢献度は直接的にも間接的にも大きい。

このように超大型経営が地域農業の核となるには，地域社会と共存共栄していく環境を作り上げる必要がある。その接近策として，経営形態を問わず周辺の家族経営との間に機能分担体制を築き，密接な相互依存の関係を結ぶことや，超大型経営の活動に公共的性格をもたせ，農協などが資本出資，経営参加した農協主導型の経営とすることも考えられる。あるいは農協以外でも民間資本の飼料メーカーや農機具メーカーなど酪農関連団体がインテグレータとなるタイプの超大型酪農経営も当然ありうる形態といえる。

表3　財務管理と分析指標

牧　場　名	着目する分析項目
A S 農 場	負債，コスト
K A 牧 場	コスト（人件費，飼料費） 売上高負債比率
S A 牧 場	コスト（飼料費） 売上高伸び率（成長率）
H O 牧 場	ランニングコスト 運転資金
O G 牧 場	負債，運転資金
S S 農 場	生産量伸び コスト（飼料費）
Y O 牧 場	短期負債償還額 計画と実績との差
H A 牧 場	生産量伸び 個体乳量伸び
F U 牧 場	生産量伸び 飼料費増減（対前年比）
T O 組 合	売上高，コスト 計画と実績との差

注）ヒヤリングより作成。

補論2 「超大型酪農経営における生産技術適用のケーススタディ」[1]

1．経営の成長条件

近年にみられる酪農経済状況は決して楽観視できるものでない。乳価の低迷と飼料単価の不安定性や，家畜排泄物の堆肥化に伴う処理コストのアップなど収益性を低下させる多くの要因が考えられるからである。

そのような状況下でも，所得・利益水準の維持向上のために規模拡大を経営戦略とする生産者が数多い。このことは各種統計資料からみても大規模化の傾向を如実に物語っている。1993年から2002年にかけて，50頭未満の全ての階層で減少傾向である。小規模層になるほど減少度合いが大きい。一方，100頭以上は年率13.3％の増加を示している（農林水産省統計情報部『畜産統計』各年)。酪農における規模拡大の条件として，①乳価の安定，②技術革新（搾乳技術，繁殖技術，飼料給与技術，ふん尿処理技術など）によるコスト低減効果，③投資効率と資金力，④経営者能力が考えられる。特に近年の酪農経済状況の悪化により，経済性に直接結びつく乳価や飼料単価の外的成長要件は期待できない。そこで生産者は酪農で顕著な技術革新への適合や，経営者能力を高めるといった内的成長要件を備えることが規模拡大や経営の多角化には必要となる。

特に企業的経営を展開する超大型酪農経営（通称は，メガファーム）は，これら内的要件を備えもちながら，規模拡大や経営の多角化という自己経営発展のポテンシャルを高めている[2]。さらには，この超大型酪

[1] 本論文の出所は『畜産の研究』第57巻・第9号，2003年（養賢堂)。清家昇氏との共同研究の成果である。

農経営の台頭が，地域経済や酪農産業の発展への活路を見出す可能性として注目されている[3]。しかし，一般的に大規模経営に関しては様々な経営的問題が指摘されている。多頭化により，累積的に発生するふん尿処理の問題，疾病多発による生産リスク，経営財務を不安定にする資金繰りや負債の累積化の問題などである。

かかる視点から，本稿では経営の発展を促進する内的成長要件を取り入れながら展開している超大型酪農経営の実態について検討する。具体的には酪農生産技術の採用と適合について考察する。ここでは都府県の超大型酪農経営の4経営をケーススタディとする。この課題を明らかにすることで，超大型酪農経営における内的成長要件の関わりから，経営的特徴について整理することを目的とする。

2．高度な生産技術の適合

ここでは超大型酪農経営における様々な生産技術適応の実態をみてみる。表1には，超大型酪農経営の経営概要について示した。経産牛は1,000頭規模で，生乳生産量は約8,000トン以上に達する。酪農技術を経営にいかすには労働と資本を代替させ，生産要素間の結合を適正化させることが前提であるが，それが実現して始めて省力化や効率化が果たされ，経営成果に結びつく。超大型酪農経営では頭数規模に見合った生産技術が適合され，技術が集約的にシステム化していた。このように技術が経営に活かされ，さらなる規模拡大の基盤が整うことで飛躍的に生産量が増加している。つまり超大型酪農経営は，技術と経営のマッチによりさらなる規模拡大の基盤が整備され，飛躍的な乳量増加へと結びつくプロセスを実践している。

---

[2] 清家昇・畠山尚史[2002]『酪農メガファーム－その躍進と可能性をさぐる－』酪総研選書No.74，酪農総合研究所.

[3] 拙稿[2002]「超大型酪農経営の形態とその生産技術を分析する」『畜産コンサルタント』11月号，中央畜産会.

表1　都府県における超大型酪農の経営概要

		A牧場	B牧場	C牧場	D牧場
経営形態		酪肉複合 有限会社	酪肉複合 有限会社	酪肉複合 農事組合法人	酪肉複合 有限会社
労働	構成員	10人	5人	5人	6人
	従業員	46人	44人	24人	25人
経産牛頭数		1,300頭	1,100頭	830頭	900頭

注）2002年データ。

以下では，超大型酪農経営における高度な生産技術に関わる特異的な事例として，乳牛の飼養・搾乳技術，繁殖技術，飼料給与技術，環境保全技術をあげ，その適合と合理化の実態を検討する（表2参照）。

（1）乳牛の飼養・搾乳の合理化

飼養形態は，都府県ではフリーバーン，北海道ではフリーストールが主体である。この区分は戻し堆肥や敷料確保に関わってくると考えられる。飼料給与に合わせてステージごとに分けた牛群管理や，乳牛に対するパーラへのフレキシブルな移動など，乳牛の行動と人の作業効率を考えた牛舎システムを考えている。フリーストール（バーン）飼養における問題として，運動器系の疾病事故が多いことが指摘できる。その中でも蹄疾患が多くを占めている。フリー飼養にともなう乳牛の慣れとエサの慣れが考えられる。蹄病の対策として，B牧場とC牧場は専門獣医師による予防を講じていた。

搾乳作業について考えると，超大型酪農経営における個体乳量の水準は高い。その理由は多回搾乳の実施にある。4牧場でもすべてにおいて1日3回搾乳が行われている。搾乳作業にあたって，パートや従業員の雇用労働の条件が満たされている。搾乳システムは大型パーラやロータリーパーラが導入されていて，資本と労働との代替がスムーズに進展していた。3回搾乳により乳量が平均して約15％アップしている。3回の搾乳時間帯は様々であり，時間帯に合わせて時間給を差別化することで，パートや従業員は深夜でも積極的に搾乳作業に従事している。これには割り増しの深夜賃金の効果も考えられる。３回搾乳の効果として，稼働率のアップや牛舎・搾乳施設の投資回収の早期化にも関わることである。搾乳作業はある種のルーティンワークであることから，マニュアル化によるパート労働の受け入れも，３回搾乳を実践する上で重要なものであった。労働費の削減や生産乳量の増加といった相乗的効果が実現している。

（２）繁殖技術の適応

大規模経営にとって繁殖管理は，乳牛飼養の合理化と淘汰・更新の選抜による乳牛の回転率を上げるためには欠かすことのできない基本的飼養管理である。分娩間隔や空胎日数の延長や，不受胎牛の多発は経済的に大きなダメージとなる。そのことからもさらなる収益性を高めるには，繁殖管理の徹底はいうまでもない。近年は多頭数の乳牛飼養に適した様々な繁殖管理技術が導入されている。

①繁殖管理技術

発情発見率をアップさせるために，歩数計（万歩計）やスタンディング感知器の導入がある。また発情の同期化のためのＰＧ（プロスタグランジン$F_2\alpha$）やＣＩＤＲ（膣内留置型黄体ホルモン製剤）の利用，さらには定時ＡＩのためのＧｎＲＨ（性腺刺激ホルモン放出ホルモン）とＰＧの投与による排卵同期化のＯｖｓｙｎｃｈは，多頭数飼養による繁殖成績アップと合理化を目指した高度な繁殖管理プログラムである。４経営の牧場では，豊富な資金力と人材（獣医師）を使ってここであげたすべての繁殖管理プログラムを行っていた。中でも多くを占めるのが，コンピュータ利用と付属装置による発情発見である。同時に人によっても発情確認が行われている。

超大型酪農経営は，定期的な繁殖検診を実施することで繁殖成績の向上をめざしているが，その適合力や実践は牧場専属の専門獣医師との関わりがある。この検診は，乳牛治療を行う獣医師からのサービスとは異なる専門獣医師（生産獣医療：プロダクションメディスン）に依頼して行われている。各牧場においても１～３人の専門獣医師を雇っている。繁殖を中心とする人工授精や検診（予防）を通じて，経営者や牧場管理者は，専門獣医師から牛群や個々の乳牛の健康状態の情報を受け，疾病予防の飼養管理に心がけている。さらに専門獣医師から繁殖技術に関する情報と，その適合についてアドバイスを受ける。アドバイスには，飼料設計や乳牛への専門モニタリング（ボディコンディション）のチェックなども含まれる。表２には４経営の牧場における獣医師の役割を示した。通常の乳牛診療以外にも飼料設計や運動器系疾病（主に蹄疾患）の予防，繁殖や授精（妊娠・分娩期及び産後の疾患）など生産獣医療がこれら大型牧場に深く根ざしている。歩数計は主にフリーストールやフリーバーンの牛舎の飼養形態をもつ牧場で，活用されている。乳牛の脚に個体番号のＩＤタグを装着し，発情牛は歩行数が増加することを利用して発情発見に寄与するものである。４経営の牧場がすべてこの歩数計を導入していた。Ｃ牧場とＤ牧場では，歩数計による情報と従業員（人）による発情発見が行われている。システムとしては，乳牛の歩行数の増加を検知して無線によってコンピュータに送られている。このような各乳期にあわせた明確な個体管理やデータベース化が，繁殖管理の効率化に一層寄与している。

②まき牛の導入

超大型酪農経営における牛群の更新率は25～30％と高く，その更新牛の50％近くが不受胎による自己淘汰という事例が多く見受けられる。

表2　都府県における超大型酪農の経営概要

	A牧場	B牧場	C牧場	D牧場
飼養形態	フリーバーン	フリーバーン	フリーストール フリーバーン	フリーバーン
搾乳形態	ミルキング パーラ	ミルキング パーラ	ロータリーパーラ	ロータリーパーラ
搾乳回数	3回	3回	3回	3回
飼料給与	完全TMR	完全TMR	完全TMR	完全TMR
給与時間	6h/日	3h/日	4～5h/日	3～4h/日
エサ寄せ回数	8回/日	2時間おき/日	−	1回/日
ふん尿処理技術	サークルコンポ	高圧エアー粉砕 (堆肥発酵装置)	自走式堆肥攪拌機	自走式堆肥攪拌機
堆肥用途	70%戻し堆肥 30%耕種農家と販売	戻し堆肥 耕種農家	20%戻し堆肥 80%耕種農家と販売 (培養土製造業者)	戻し堆肥 耕種農家と販売
排水処理	排水処理浄化槽	内部リサイクル	内部リサイクル (中空系膜処理槽)	内部リサイクル (中空系膜処理槽)
繁殖管理	コンピュータ	コンピュータ	コンピュータ・台帳	コンピュータ
発情発見	歩数計 まき牛	歩数計 まき牛	人・歩数計 まき牛	人・歩数計 まき牛
繁殖技術	ET技術 AI(PG)・CIDR	ET技術 AI(GnRH)	ET技術 AI(PG) 定時AI(Ovsynch)	ET技術 定時AI(Ovsynch)
妊娠率	25～30%	25～30%	20～25%	25%
専門獣医師	2人	1人	3人	2人
生産獣医療全般	○	○	○	○
運動器系	−	○	○	−
繁殖関係	○	○	○	○
飼料設計	−	−	○	○
食品副産物利用	−	ビール粕	豆腐粕	焼酎・ジュース・豆腐粕

注)妊娠率は，発情発見率×受胎率から算出。

この不受胎牛を出さない対策がまき牛導入であり，自動化による発情発見である。今やそれらによらなくては効率的な繁殖管理は不可能ともいわれている。これら超大型酪農経営では毎年150～200頭の初妊牛の導入を行っているのが現状である。C牧場やD牧場では牛群として，分娩後100日以内を人工授精群，100日以降のまき牛群に分けていた。まき牛は主に黒毛和種が用いられているが，もちろん搾乳後継牛対策としてホスルタイン種を用いている牧場もある。まき牛導入による効果は，発情発見率はほぼ100％，交配率も95％以上の成績である。人が発見できない微弱な発情でもまき牛は発見することができる点や最適なタイミングで交配すること，交配の精子数が人工授精の数百倍と高濃度であること，精子活力が抜群なことなどがあげられる。また，雄牛が同居しているだけで，雌牛の発情兆候が強くなるともいわれている。

③受精卵移植技術

表2からみてすべての牧場がET技術を採用している。超大型酪農経営は後継牛を育成することは少なく，まき牛を使ったF_1生産が中心で，F_1生産よりも経済的な付加価値を付けるために和牛の受精卵移植が取り組まれている（2000年度のホルスタイン種に対する黒毛和種精液授精比率は府県平均で43％，北海道で15％)。乳牛の受精卵移植はほとんどみられない。このことは，年間に日本で誕生する受精卵移植の子牛約18,000頭の80％が和牛子牛であることからもわかる。また，体外受精卵で誕生する子牛の比率は約15％であり,そのほとんどは和牛卵である。

（3）飼料給与技術

酪農に関わる作業のうち，多くを占めて，さらなる省力化が求められる作業が搾乳と飼料給与である。ともにこれら技術の高度化が研究開発を通して行われ，酪農経営に大きく寄与してきた。特にTMRによる飼料給与技術は群管理や合理的な飼養管理が実現されることから，多頭化に不可欠な省力化技術といえる。そして，高泌乳や繁殖成績の両立が期待されている。また，飼料コストの経済性を追求した粕類の食品副産物利用が超大型酪農経営の特徴的飼料給与技術といえる。

①TMR給与方式

超大型酪農経営の給与飼料の形態は，すべての牧場においてTMR給与技術が普及していた。TMRの調製・給与時間は1日3～6時間である。飼料給与時間は１回につき30分から１時間程度で，かなりの省力化が図られていた。飼料設計は外部専門家（飼料メーカーや農業団体など）に依頼している事例が多く，中には飼料分析も実施している。配合飼料を大量にロットで購入することから，特別メニューのオーダーが可能で，バラツキのない安定的な飼料調達で，しかも安価で購入している。さらに輸入飼料の購入にあたっては，価格の為替リスクを回避するため，現地と直接取引を行っている先駆的な牧場もある。また，飼料給与では搾乳牛の日乳量（乳量ベース）に合わせて何種類かのＴＭＲを調製している牧場も存在した。高泌乳牛にはCCF（コンピューターコントロールフィダー：自動給餌機）を採用している牧場もある。TMR飼与技術の効果としては，乳牛にとって選択採食の防止や自由採食，人間にとっては定量化された栄養管理や給与の省力化などあり，結局，そのことが安定的な高泌乳生産を可能にする技術として期待されている。TMR技術は大規模経営に対して飼料給与の合理化としての貢献度が高いといえる。

②食品製造副産物の利用

飼料調達として食品廃棄物を家畜飼料化する取り組みがみられた。廃棄物を資源として，飼料費削減の低コスト化に結びつける方法である。超大型酪農経営では食品製造副産物を上手に利用している。TMRを調製後，トランスバッグなどで一定期間発酵させた後に給与している。食品製造副産物としてはトウフ粕，ビール粕，焼酎粕，パイン粕，ミカン粕，リンゴ粕などがある（表３参照)。これらの粕類の利用は無料と有料(処理料を頂く）の場合があり，本格的に食品製造副産物を取り扱うC・D牧場では，産業廃棄物処理業者の免許を取得して，家畜の飼料用原料と堆肥用原料に分別して処理を行っている。トウフ粕やビール粕からパイン粕やミカン粕などの果物まで多様な利用により，飼料コストの低減効果は大きい。食品製造副産物は，エネルギー源やタンパク質源や繊維

表3　食品副産物の分類

分　類	副　産　物
果汁加工品	ミカンジュース粕，リンゴジュース粕，トマトジュース粕 パインジュース粕，ニンジン等野菜ジュース粕
農産副産物	ミカン缶詰粕，たけのこ缶詰粕，トウモロコシ缶詰粕
酒　　類	ビール粕，酵母，ウイスキー粕，清酒粕，焼酎粕，ブドウ酒粕
デンプン	馬鈴薯デンプン粕，甘藷デンプン粕
大豆加工品	トウフ粕，醤油粕
清涼飲料	茶粕，麦茶粕
水産加工品	缶詰粕，ホタテ内臓
パン・めん類	パン屑，ラーメン屑
食　　肉	畜産副産物，フェザーミール，廃鶏，血粉

資料）阿部亮［2000］『食品製造副産物利用とTMRセンター』酪総研特別選書No.65,P.26より引用。

源としても有用な飼料である。また，副産物利用は飼料自給率の向上を考えた場合も有用な利用方法である。食品製造副産物の中には，トウフ粕やビール粕といった脂肪含量の高いものがあるが，それを多量に混合すると乳牛の第一胃内の微生物に悪影響を及ぼす。給与飼料中の粗脂肪含量を５～６％以内におさめるような飼料設計が求められる。

（４）環境対策

環境保全型農業が提唱されている中，成長する酪農経営にとってふん尿の適切な堆肥化処理や資源の有効利用は不可欠なものである。超大型酪農経営におけるふん尿の処理と利用を考慮した環境対策は，飼料作地かつ還元用地である土地条件いかんでちがいがみられる。北海道では堆肥舎や堆肥盤による堆肥化処理で，豊富にある農地に還元しているケースが大半である。一方，都府県では土地基盤が脆弱なため，完熟堆肥の製造に力点がおかれる。このことから都府県における超大型酪農経営の規模拡大の条件はふん尿処理体系の充実化といえる。その条件が完備されて初めて拡大を進める傾向で環境対策を最優先としている。

①ふん尿処理技術

表2から牧場のふん尿処理技術をみると，4経営ともすべてハウス乾燥による堆肥化を行っている。発酵を促進する装置としてA牧場ではサークルコンポ3基，B牧場では高圧エアーによる粉砕処理，C牧場とD牧場では自走式の攪拌機を利用していた。B牧場とC牧場では堆肥製造に責任者（マネージャー）をおくほど力を入れている。製造された堆肥の用途として，4経営ともフリーバーンによる飼養形態であることから，戻し堆肥としての再利用と，周辺の耕種農家や家庭菜園に無償（あるいは有償）で提供している。また，すべての牧場で堆肥販売による収入が数千万円に達していることから，堆肥処理を重要な収入源として位置づけている。

②パーラ排水処理

超大型酪農経営による環境対策として重要視されるのが，搾乳時で生じるパーラ排水のリサイクルである。1,000頭規模の乳牛の搾乳処理に関わるパーラでの水資源の利用は莫大な量となる。経営の効率化のためには水のリサイクルが欠かせないものとなる。A牧場ではリサイクルまでとはいかないが，浄化槽を設置することで環境保全に寄与している。B・C・D牧場では水資源のリサイクルを行っている。その処理施設の投資額は数億円に達するが，各牧場の経営主は環境保全機能と水資源の有効利用を考えた中では，妥当な投資であるとの見方をもつ。

3．まとめ

いままでの酪農の経営発展を促してきた要因として，乳価などの経済的な外的成長要件があげられる。今後はこのような外的要件が酪農経営にとって，良好に推移するとは限らない。そこで発展に必要となる条件が内部成長要件を加味した経営展開である。本稿では超大型酪農経営で取り組まれている酪農生産技術の適合に着目して検討してきた。

高度な生産技術を適合してきた超大型酪農経営体の特徴として，１日３回搾乳体制，ホルモン処理による繁殖管理の合理化，戻し堆肥やパーラ排水のリサイクル，食品副産物の利用などがあげられる。特に繁殖管理がともなう技術の採用と適合にあたっては生産獣医療を行う獣医師との深い関わりが，そして資源の有効活用については地元の食品製造業者との関わりが指摘できる。そうした実践を通じて，生産性アップや省力化，経営の効率化に結びつけることで大規模経営の有利性を発揮していた。

補論３　「法人経営によるメガファーム」[1]

１．経営者の価値観も多様化している

筆者は研究調査として，全国の酪農現場を訪問し，経営者から経営姿勢や意向を伺う機会が多くある。そこで思うことは，経営者の考え方や価値観が多様化していることである。いままでは画一的・普遍的な酪農技術体系のもと，所得向上や経営の安定化を目指した考え方が多くを占めていたが，ここ数年では乳牛飼養，飼料生産，環境対策，付加価値販売，さらには職業感や生活感までいろいろな視点から多様な考え方が生まれている。それらの中でも両極・対称的なものが，自給飼料生産を主体に，「土—草—牛」の資源循環に立脚した経営（方針）と，購入飼料に依存しながら高度な飼養生産技術を駆使し，企業的発想で展開する経営（方針）の２つであろう。

本稿では後者の経営（方針）をもつ牧場，具体的には飛躍的に拡大成長を遂げる超大規模酪農経営（通称，メガファーム）を取り上げる。メガファームが成長している現状の確認と，成功への道を歩む上でいかなる問題を抱えているのか考えてみたい[2]。

２．メガファーム上位層の躍進

まず2020年までの北海道における酪農家戸数の推移について紹介しよう。マルコフ分析を試みたこの推計結果によると，2000年の9,284戸から2020年は5,754戸に減少するとみている。また，2000年モードの40～50頭層が，2020年には100～150頭層になると予測してい

[1] 本論文の出所は『デーリィマン』Vo154・No1，2004年である。本特別選書への掲載を承諾いただいたデーリィマン社に感謝の意を表したい。
[2] 大胆にも両極の考え方を示したが，メガファームの中には自給飼料生産を重視した乳牛飼養を選好する経営者も多数存在することを予め断わっておく。

る[3]。この結果をみる限り，現在の大規模層である100頭以上が，近い将来は平均飼養規模となり，生乳生産の中心を担うであろう。多頭化の動向は特に大規模層において急ピッチで進むことが考察できる。ここでは既存データを用いて，メガファームの多頭数飼育が加速的に進むであろうことを裏付ける一考察をしたい。

われわれは全国の酪農経営を対象に，2002年の生乳出荷量ベスト40を整理した[4]。そして2002年の出荷量規模が2000年時点からみて，どれほどの乳量増加を果したのか分析を試みた。図1はメガファームベスト40の2002年と2000年の生乳出荷量を比べた散布図である。45度線より左上にあるプロット（牧場）はすべて，2年間で出荷量を増加したことを意味する。40経営のうち3経営が減少，残り37経営が増加している。表1では増加牧場37経営のうち500トン以上の急激な伸びを示した18経営を抽出し,増加量区分と件数を北海道と都府県別にみてみた。増加量1,000トン以上を達成したメガファームが9経営存在するが，そのうち8経営が都府県の牧場であり，北海道は1経営のみである。最も高く乳量を増やしたメガファームは約8,000トン（3,000トン→11,000トン）の実績を誇る。一方，500～1,000トンの増加を示したメガファームは9経営で，そのうち2経営が都府県，7経営が北海道である。

このように都府県にあるメガファーム上位層の拡大プロセスには目を見張るものがある。一般的に大規模化の促進条件として，周辺の営農環境や土地などの制約が少ないことがあげられ，北海道が最も適しているといわれる。しかし，メガファーム上位層でみられるこのドラスティックなうごきをみる限り，規模拡大制約が大きいといわれる都府県の方が，場合によっては規模拡大に有利な側面を有しているといっても過言では

[3] 鵜川洋樹「北海道の家族酪農経営」（久保嘉治編著『ここまでできる家族酪農経営』酪総研選書No78.［2003］）参照。

[4] これらのデータ源は，酪農乳業速報「酪農スピードNews」と，酪農総合研究所によるメガファームの情報収集から得られたものである。

ない。

それは拡大の制約条件を逆手にとって促進条件に変えていく経営者感覚である。たとえば，脆弱な土地基盤で自給飼料生産やふん尿の農地還元が全く期待できないデメリットを以下のようなメリットに変えている。①飼料調達がオール購入飼料。ロット単位の取引による単価水準の交渉が可能，牧場指定のＴＭＲによる安定した栄養成分の確保，食品製造副産物の利用といったメリット。②豊富な資本力でふん尿処理能力の高い技術体系を完備し，良質な完熟堆肥の製造が可能，堆厩肥の利用では近隣の耕種農家や家庭菜園との連携が整備されているメリット。

このように都府県のメガファームは乳牛面，飼料面，環境面の３つが調和した拡大条件を有している。

３．企業的メガファームと共同的メガファーム

次にメガファームの特徴を考えてみる。大鉈を振るって地域別にその特徴を捉えてみると，都府県に多い企業経営的性格のメガファームと，北海道に多い共同経営的性格のメガファームである。ほとんどのメガファームの経営形態は法人経営である。規模拡大過程において，法人化は有力な手段であるといえる。

メガファームの法人形態について，北海道の共同型経営では農事組合法人が多く，設立や運営には農協の支援や関与がある。一方，都府県の企業型経営では有限会社が多く，牧場外資本の参画や肉牛肥育部門などの複合化による展開を図っている。法人化の背景には，資金の融資枠拡大や税金対策といった制度面，会計処理の透明性やコスト・コントロールの徹底，労務対策として就業規則の明確化など経営管理の高度化があげられる。さらには外部商取引の活発化，事業の多角化といった経営戦略も考えられよう。しかし，法人化は経営発展のための一手段であって目的ではない。持続的な経営を実現するには，法人の構成員・従業員の

たゆまぬ努力と知恵が必要であることはいうまでもない。

4．メガファームのウィークポイント

企業型であれ，共同型であれメガファームのような組織経営がスムーズに運営され，かつ成長を遂げていくための基本的要素は人的資源，人との関わりである。経営者が従業員をうまくうごかす，使うこと，経営者同士であれば，和を保つことである。企業型のメガファームであれば，酪農・農業に全く縁のなかった人が従業員に加わるケースがある。このような人に対して，雇用条件の提供の他にいかに教育・育成していくかが課題となる。不可欠な飼養管理として，乳牛の栄養管理，モニタリングの繁殖管理，伝染病対策の衛生管理（バイオセキュリティ）などがあげられるが，それらを牧場の人材（エキスパート）が分担している。表でも示した急激な拡大成長を遂げているメガファームは，作業管理の中心人物として優秀な牧場担当者（牧場長と呼ばれている）を配置して，マニュアル化された作業内容のもとで搾乳・飼養の生産部門の効率性を図っている。

このような集約的管理技術のもとシステム化されたメガファームでは人的なトラブルにより，一歩舵取りを誤るとすべての作業に波及して悪影響を及ぼす危険性を有する。人に関わる不安定要因をないがしろにできない。

一方，共同型メガファームの場合も人との関わりが重要となる。確かに，共同型メガファームの経営者の多くが発展の落とし穴として人間関係を指摘している。そもそも設立目的が乳価低迷の不安解消，新規投資により増える負債の解消，労働時間を減らしたいなど各農家が共通して抱いていたことである。そこで悩んだ末，問題意識の波長が合ったもの同士で共同化への道を選択したことが背景にある。牧場の永続を考えた場合，共通の問題意識をもつ世代からそれら意識が薄い彼らの子供たち

次世代への継承，バトンタッチをいかにスムーズに図っていくかが課題になる。良好な人間関係には牧場設立の背景を意識するといった初心を忘れないことも考えられる。

5．最後に

都府県のあるメガファームの経営者とじっくり話す機会があった。経営者曰く「いままで多くの雇用労働を受け入れてきたが，出たり入ったり常に不安定だ。しかし，そのようなことを経ながら，自らも人材育成や労務面について多くのことを学ぶことができた」と。まさに人が関わる問題は，メガファームの拡大成長に付随している。その都度，経営者の意識改革や適切な労務管理が必要となり，牧場特有の人材育成に向けたアイデアが求められる。

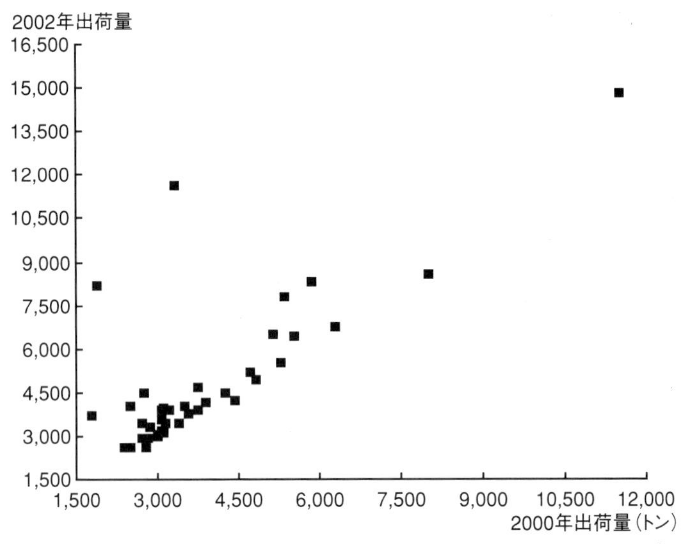

図１　全国メガファームベスト40の2000年～2002年の出荷量プロット

表１　2年間で生乳500t以上増やしたメガファームの数

生乳増加量（t）	500～1,000	1,000～2,000	2,000～3,000	3,000
北　海　道	7	1	0	0
都　府　県	2	3	2	3
合　　　計	9	4	2	3

注）生乳増加量とは2002年から2000年を差し引いた乳量。

補論４　「メガファームに試される日本酪農—既存経営が考慮すべき共栄への道—」[1]

1．メガファームへの賛否両論

『デーリィマン』誌2004年の新春恒例アンケートでは，「メガファームの台頭をどう受け止める？」というテーマで，酪農業界有識者による多角的な視野からの意見が掲載されていた。メガファームの経営展開を研究している筆者にとって，とても興味ある記事であった。そこではメガファームについて，ポジティブとネガティブ双方にわたる率直な評価がなされていた。

生乳生産力の向上，酪農振興の原動力などポジティブな意見から，頭数規模拡大とふん尿処理の能力の不調和，府県型メガファームに多い購入飼料依存の経営体質はさらなる自給飼料生産力の低下を招くなどネガティブな意見があった。これらの中で，特に目を引いたのは，「地元で多くを占めている中小規模の家族主体の酪農経営との協力・協調関係をいかに構築し，維持するか」という意見で，メガファームへの課題提起でもあった。この協調には人間関係が背景にある。うまく転じれば共存・共栄，わるく転じれば孤立・一匹狼といったまさにどっちに転ぶかは人間同士のつき合い方によるもので，一筋縄では解決できない大きな問題である。

たとえば，メガファームとその対極的に考えられる放牧経営の２つの飼養形態をみても，施設型酪農のメガファームと，自然循環型酪農の放牧経営とでは，飼養管理技術やノウハウの習得のプロセスからの共通点は多くないといえる。そのことが経営者間での情報交換の疎遠，コミュニケーションの不成立，不和，さらには地域的な合意形成が困難になる

---

[1] 本論文の出所は『デーリィマン』Vo1.54・No8, 2004年である。

などの懸念も考えられる。

ここでは酪農先進地域でみられるメガファームの台頭に対して，既存の中小規模層の酪農経営者がメガファームをどのように評価し，望ましい共存・共栄の方策をどのように考えているのか取材をもとに接近したい。同時にそのヒントも探っていきたい[2]。

2．かつては平均的な家族経営

企業的大規模経営として注目されるメガファームの経営者達は，設立前までは平均的飼養頭数規模で家族経営を主体とする酪農生産者であった。所得向上を目的に規模拡大を手段とした経営戦略を展開してきた。その成長プロセスは中小規模に相当した飼養管理技術や発展論理に基づいている。

筆者は先般，北海道上川郡新得町で酪農振興会役員の方々と意見交換の機会を得ることができた。メガファームの経営者もいる中で既存経営の生産者達に，メガファームへの期待感，あるいは不満や失望感があるかどうかといった質問をした。結果はメガファームを直接的に否定する意見はなく，満足しているとの声が多かった。この理由はなにか，共栄・共存のヒントが得られることを期待して，ヒヤリングに熱が入った。

そもそも近年，新得町では立て続けに共同型メガファームが設立されている。その背景には，昭和40年代に，農政推奨による経営の共同化路線で設立された農事組合法人三友農場と株式会社狩勝牧場の存在があるという。個人経営の段階ではなかなか発揮できない，より高い収益の確保，労働時間のゆとり，労働力支援の地域貢献などの潜在性や発展性をこの2つの牧場は共同の力を結集することで実現していった。これら2つの優良牧場を目標に，またモデル経営として位置づけることで，個

[2] 本稿では，メガファーム以外を中小規模の酪農経営とみて，以下ではこれら経営を既存経営と称する。

人経営の生産者が自分でも「やれる」といった意欲がわき，同調する者同志が集まり共同組織化に至ったということである。

3．地域に様々な波及効果

図1には1997年から2003年にかけての新得町生乳生産の動向を示した。97年では町内生乳生産は27,974トンから03年には40,211トンに達し，この間で1.4倍増の実績をもつ。同様に図中には共同型法人メガファームによる生乳生産の占める割合も示している[3]。これらメガファームの生産乳量は97年の8,805トン（シェア31.5％）から03年には16,727トン（同41.6％）に達している。さらに共同型メガファームによる町内生乳生産のシェアがますます広まる様相を呈している。この間で戸数は70戸から51戸に減っている。それにもかかわらず，生乳生産量の飛躍的な向上は共同型メガファームの存在がいかに大きなものであることを物語っている。

また，町の酪農振興の立て役者はこれらメガファームだけではない。町立レディースファームスクールによる人材育成機能も見逃せない。ここで育った優秀な人材が，町内のメガファームや既存経営にとっては貴重な人的資本となり，牧場の経営成長を促進してきたことはいうまでもない。

ヒヤリングの中で，既存経営が共栄・共存を感じていることの1つに，メガファームによる労働力余剰を生かした飼料生産の集団組合の機能があった。その集団組合が自給飼料の播種から収穫作業まですべての工程を引き受けることで，既存経営にとっては労働時間の削減や搾乳作業の集約化が可能となり，搾乳生産面の水準アップという効果を享受できたという。

---

[3] この共同型メガファームは友夢牧場，北広牧場，ダイナミルク，三友農場，狩勝牧場である。ただし，友夢牧場は1997年時ではまだ設立されていなかった。

また，メガファームがもたらした地域の波及効果として，分業化の進展をあげていた。町内には育成預託牧場として機能している（株）新得町畜産振興公社があるが，2000年から哺育段階から飼育預託を受け入れるという画期的なサービスを行った。これもメガファームが所有する哺育・育成牛の頭数ロットの提供が安定的な需要となり，受託組織の経営の安定化に寄与している面がある。さらに公社にとっては哺乳ロボット技術を先駆的に導入・適合してきた結果，より合理的な飼育管理が可能となっている。

ヒヤリングではポジティブな意見の他に，既存経営が抱く素朴な不満や懸念の声も聞くことができた。町内酪農の展開論理が大規模共同法人（メガファーム）の考え方を中心にうごきつつあることに対しての意見であった。このことについて，メガファームの代表者から，あくまでも酪農振興に向けた方向性を議論する場合，既存経営もメガファームも発言権は公平であるとのことであった。

4．生産者間の仲間意識がカギ

最後に新得町での相互協調の関係と共栄・共存の背景について質問をした。これに対して，共栄・共存の鍵は生産者間の仲間意識にあるという。この当たり前として捉えられる仲間意識とはどのようなものかさらに探ってみた。この意識の高まりの根底には過去のある事実があった。酪農制度で展開された生産調整計画と，比較的劣位であった町内生産者の技術レベルである。1979年から始まった生産調整計画では町内の多くの生産者が計画に従い，乳量の減少を余儀なくされた。現在は牧場代表者である生産者は，その頃は血気盛んな酪農青年であり，生乳生産意欲が束縛されて経済的にも精神的にも大きなダメージを受けた。さらに新得町酪農は乳量，乳成分，繁殖などの生産レベルが他地域と比べても劣っていた。生産者たちはこの沈滞ムードを打破しようと自ら情報交換の活発化，研究会を開催し，技術のノウハウをみんなで共有化して切磋琢磨した関係を築いてきた。そのときの仲間意識が，規模の階層分化した現在でも根付いている。大規模や中小規模といった単純な規模階層にこだわることなく，人として，酪農生産者として純粋に付き合いを深めてきた経緯がある。この皆で協調してきた着実な歩みの結果，今では新得町の生産能力・レベルは高い成果を生んでいる。皆で苦しみを味わい，やり遂げてきた経験が，固い絆，強い連帯感という意識の高まりになり，生産者間での良好な関係を築く根底であったといえる。さらにこの仲間意識（人間関係）は「助けた人・助けられた人」という支援の一方通行の関係でなく，お互いが成長する上での不可欠なパートナーとして，「持ちつ持たれつ」の双方向の関係である。

５．共存・共栄へのポイント

新得町酪農振興会の取材を通じて，既存経営からみた共栄・共存へのポイントを整理すると，大規模経営や中小規模経営といった頭数階層のちがいを意識することなしに，同じ酪農生産者としての自然な関係を保つことが重要であると考えられる。新得町ではメガファーム，自動搾乳ロボットの導入経営，集約放牧，つなぎ飼養など様々な飼養形態や生産技術の適用が混在化している。さらに各個人の酪農経営に対する価値観（哲学）も多様なものとなっている。このような多様化した中で，新得町酪農でみられる仲間意識，協調行動，さらには共存共栄の姿勢は示唆に富むものである。

最後に，今回の取材は新得町酪農振興会役員会の延長として行ったものであり，この機会を設定していただいた森田茂夫さん，そして振興会会長の湯浅佳春さん（友夢牧場代表）を始め，酪農振興会役員の方々，ＪＡ新得町の方々に感謝の意を表したい。

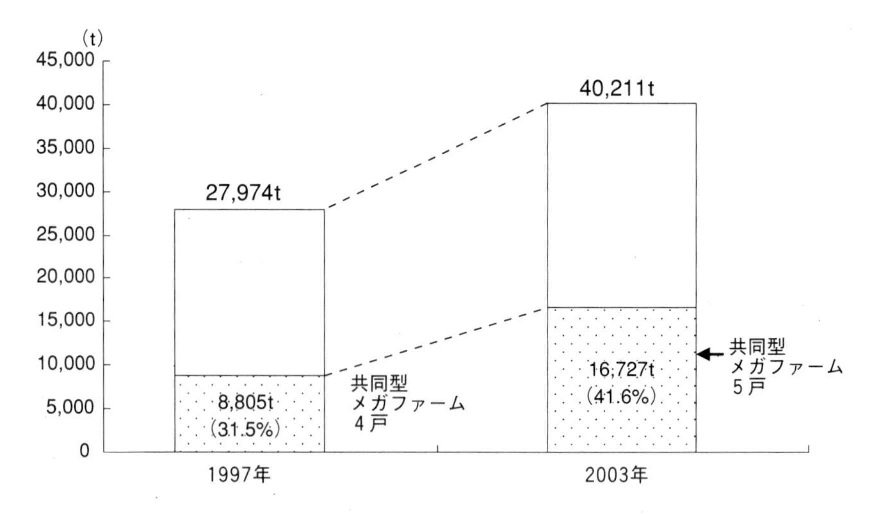

図 1　新得町の生乳生産量と共同型メガファームの生産量・シェア

著者略歴

畠山　尚史（はたけやま　なおふみ）

1969年　北海道生まれ
1992年　帯広畜産大学畜産学部畜産経営学科卒業
1994年　北海道大学大学院農学研究科修士課程修了
1995年　酪農総合研究所第一研究部
2004年　酪農総合研究所第二研究部　博士（農学）
（2000年～2003年　北海道大学大学院農学研究科博士課程）

酪総研特別選書 No.83

酪農経営の成長と財務

定価　1,500 円（本体価格 1,492円＋税）

2005 年 2 月　発行

発行　酪農総合研究所
販売　デーリィマン社
〒060－0004 札幌市中央区北 4 条西13丁目
TEL 011－231－5261　FAX 011－209－0534
E-mail : kanri@dairyman.co.jp
URL　http://www.dairyman.co.jp

落丁・乱丁本はお取り替え致します

ISBN4-938445-58-1 C0061 ¥1429E